차신
茶神

OLD TEA TREES

차신

茶神

조영덕 · 정소암 공저

좋은땅

사람들은 살아가면서 늘 아쉬워하는 부분이 있습니다. 먹고 자고 숨 쉬는 공간에 있으면서 무엇을 먹고 무엇을 보며 어떤 생각을 하느냐는 주변 환경의 영향을 많이 받습니다. 오랫동안 화개에서 먹고 자고 생활하면서 우리 것에 대해 소중함을 더없이 잘 알고 있다고 여기며 지냈으나 마음 한편에는 늘 모자람이 자리하고 있었습니다. 천 년이 넘는 차의 역사와 문화에 대한 강한 목마름이 있었고 그것을 해소시키지 못하고 어물쩍 넘어가면서 지금까지 지내 왔습니다.

문득 1,200년 전 차(茶)에 관한 모습들이 그리워져 갔습니다. 내가 밟고 있는 이 땅에서 그 옛날의 모습과 숨결을 느끼는 방법이 없을까? 수없이 자문자답하면서 첫 발걸음을 내디딘 것이 차신(茶神)을 찾아 헤매어 보는 것이었습니다. 물론 처음에는 흔적이라도 찾을 수 있을까 하는 부정적인 생각과 무엇이라도 찾을 수 있을 것이라는 긍정적인 생각이 들었는데 반반의 혼돈은 이것도 아니고 저것도 아닌 대충의 생각으로 시작되었습니다.

한 가닥씩 실타래를 풀면서 과거의 시계 속으로 들어갈수록 몸에 생긴 상처와 피곤함, 목 끝까지 숨이 차오르는 헐떡임이 나를 힘들게 하였습니다. 그러나 한편으로는 차신과의 대화를 통해 점점 사고하는 차원이 달라지고 과거로 회귀해서 차신들과 영적으로 교감한 시간은 진지한 접근 방식이었고 참 잘했다고 손뼉을 쳐 주고 싶어집니다.

차신(茶神)에 대해 우리나라에서 이렇다 저렇다 말해 주는 사람이 없었고 그 존재에 관해서도 마치 전설 속의 대상으로 생각하는 사람이 대다수였고 그나마 관심이 있는 분들이 몇 분 계셔서 더없이 고맙고 반가웠습니다.

이러한 실험정신은 우리 차계(茶系)에서 가끔 있었으나 한 권의 책 이야기로 엮어진 것은 처음이지 싶습니다. 해외에서는 차신을 고차수(古茶樹), 혹은 대차수(大茶樹) 등으로 부릅니다. 그리고 100년 이상이 되어야 이러한 명칭을 쓸 수 있고 둘레가 몇 센티미터 이상이 돼야 자격이 되기도 하는 나름대로 평가서가 존재합니다. 그러나 환경과, 토양과 차의 종자와 기후가 다르고 세계 각국의 차나무가 자라는 여러 생태도 다르므로 기준을 정하는 일은 매우 모호합니다.

차나무를 소유한 주인과 차를 연구하는 연구기관 사이에 몇백 년이 지났다, 그렇지 않다 등의 불협화음도 있고, 그 속에서 각자 내용과 해석이 달라져 반목하는 예도 있지만 사람 사는 이치가 원래 다 그렇습니다. 차나무 주인은 수령이 오래된 차나무이기를 원하고 연구기관에서는 과학적으로 규명을 하는 중에 불협화음이 생기기도 합니다. 화개지역에 차신들이 존재한다는 것을 아는 사람들이 드물고 여태 숨어 있다가 이번에 책 발간을 하면서 세상 밖으로 나왔고 어떤 분들이 관심을 가질지는 모르겠지만 이렇게라도 알 건 알아야 하고 할 것은 해야 한다는 믿음으로 애쓴 마음을 내밉니다. 이제는 토종 차 종자와 고목 차나무의 보호를 위해 많은 관심을 가져야 할 때라고 봅니다.

아직 사진으로 정리되지 않은 차신도 많고 끈기와 지혜를 더 다진 후에 다른 차신들에 관한 이야기와 탐방하는 방법 등을 정리하여 내놓을 계획인데 언제가 될지 미정입니다. 다른 지역도 많이 다녀 사진을 확보하였지만 이번에는 하동 화개지역 위주로 서술하였고 다음에는 다른 지역의 차신도 소개하려 합니다.

한 가지 특이한 점은 보성지역과 하동지역에서의 차신은 차나무 줄기의 색이 조금 달랐습니다. 보성 쪽에는 환경이 달라서인지 줄기에 꽃이끼가 많이 피어 있는 편이며 검정에 가깝고 하동의 차신은 밝은 회색에 매끈한 편입니다. 이런저런 이야기는 다음에 서술할 기회가 있었으면 합니다.

작으나마 『차신』이라는 책이 가뭄처럼 길었던 천 년 차의 역사와 문화에 대한 궁금증과 의구심이 다농, 제다인, 음다인, 연구소, 차 교육인 등 차 관계자분들께 조금이라도 해갈되었으면 좋겠습니다.

2021년
처서(處暑)가 지난 지리산 화개동천에 발을 담그며.

| 예시 1 |

차신의 수령을 가늠하기 위해서는 야생의 고목 차나무와 흡사한 나무를 찾아야 했다. 그래서 찾아다닌 곳이 굴착기로 차나무를 캐내는 곳이었다. 차밭을 집터로 토목공사 중이라는 곳으로 달려가 차나무를 보니 뿌리가 매우 짧고 잔가지가 많았다. 비교하기에는 매우 부족했다. 야생차는 뿌리가 깊게 매우 길게 자란다는 관념과 많이 달라 고민이 더해져 갔다. 비슷해야 비교를 할 수 있는데 그 범주에 들기에는 턱이 없었다. 이곳 밭 주인은 1940년생인데 차나무를 심은 횟수는 35년쯤 되었다고 했다. 주로 티백 차 위주의 차를 생산했는데 3년 정도 버려두었던 차밭이다. 많게는 1년에 5번 정도 수확을 했다고 한다. 그러기 위해서 유기농비료 유박 등을 1년에 최소 세 번 이상은 주었다고 한다. 많게는 다섯 번도 살포했다고 한다.

그러다 보니 차 뿌리는 깊게 땅을 파고들지 못하고 횡으로 짧게 뿌리를 내려 자랐다. 차나무는 뿌리와 줄기가 같은 길이로 자라는 것이 상식이다. 그러나 티백 차 전문 차나무는 몇 군데 둘러보았지만, 뿌리가 50cm 이상 깊이로 자라는 것은 드물었다. 차나무는 그대로 두는 것이 최고의 보약이라는 말을 실감한다.

| 예시 2 |

몇 달 동안 차신을 찾으러 다니면서 내 팔목 정도만 되면 무조건 고목으로 잡았다. 그러다 보니 차신이 넘쳐서 앨범이 꽉 찼다. 조금만 굵다 싶으면 걸러지는 것 없이 사진을 찍고 특징이 없어도 괜찮게 보였다. 갈수록 굵고 매력 있는 차신이 발견되면서 회의감이 들었다. 차신의 기준을 어떻게 잡을까? 그래서 표본 나무를 찾아 기준을 잡자고 마음을 먹었다. 그럼 어디서 어떤 나무를 어떻게 기준을 잡을까 궁리를 했다.

고민 끝에 친정 부모님께 물려받은 차밭을 캐기로 했다. 그렇게 표준이 될 만한 차나무는 결국 우리 밭의 차나무였다. 최소한으로만 신경을 쓰고 찻잎을 따내는 일종의 방목 형태였다. 10년 가까이 전지를 하지 않았고 화학 비료나 유기농 비료, 유박조차 일절 하지 않은 밭에서 50년 전후 자란 차나무였다. 큰오빠가 1958년 개띠인데 큰오빠 중학생 때 국사암 부근, 쌍계사 부근에서 야생차의 씨를 따서 조금씩 넓혀 나갔고 그 당시에 재배차 1호라고 생각이 된다. 예부터 차나무가 존재했던 차밭은 있었어도 판매를 목적으로 일부러 차씨를 받아서 종자 파종을 했던 집은 드물었다고 어른들이 전언하셨다.

굴착기로 땅을 파니 참 기이했다. 종자를 심은 지 50년은 아니라고 쳐도 최소 40년은 넘었을 것인데 줄기는 2cm 남짓하고 뿌리는 줄기의 몇 배나 굵고 길게 똬리를 틀어 가면서 2m 가까이 땅속 깊이 파고들어 있었다. 파종하여 심었더라도 야생처럼 그대로 두는 차와 짧게 전지를 자주 하는 차나무의 차이가 확실히 비교되었다. 사이즈를 정확하게 재어서 확인하는 것보다 눈을 잣대 삼아 책 속의 차신들과 비교하면 차나무의 굵기와 연대가 대충 가늠되지 않을까 하여 사진을 앞에 배치해 봤다.

결론은 비료를 했거나 하지 않았거나 이 지역의 차나무는 50년을 자라도 더디고 가늘게 자란다는 것이다. 그래서 차신의 시간이 우리에게 더 귀하게 다가오는 것이리라.

1-1. 티백차 전용 차밭의 35~40년 생 차나무들이 뿌리째 뽑혀져 있다. 자세히 보면 줄기는 길어도 뿌리는 짤막짤막하다.

1-2. 뿌리가 짧고 밑동이 여자 검지 손가락 굵기 정도 된다. 비료로 인해 차나무가 나태해졌다.

1-3. 비료와 유박비료를 1년에 서너 번씩 했던 나무인데도 뿌리가 그리 굵지 못하다.

2-1

2-1. 50년 전후의 차나무. 화학 비료는 물론 유기농 비료도 한 번 하지 않음. 전지를 짧지 않게 70cm~1m 높이로 하였다.

2-2. 밑동은 2~3cm 내외, 줄기는 평균 1.5~2cm밖에 되지 않는다.

2-2

2-3. 육안으로 책 속의 사진과 뿌리와 줄기를 비교해 보면 이해가 쉬울 것 같다. 뿌리가 땅속으로 이리저리 파고 들어 매우 길다.

2-3

차례

1

방목형

(放牧形)

Grazing-type

1-1

독야청청

잎의 종류 : 소엽종, 백차, 황차

잎의 형태 : 3출 복엽 어긋나기, 중앙 잎맥이 두툼하고 둥근형과 길쭉한 잎이 섞여 있음.

나무의 수형 : 네 개의 줄기가 위로 쭉 뻗어 정원수처럼 다듬어짐.

나무의 특징 : 소엽종치고 꽃과 열매가 매우 많이 달림. 잎은 가지 끝에 집중적으로 핌.

현재 : 관리

같은 자리, 같은 모습, 같은 사물의 사계를 보는 것을 아주 좋아한다. 꽃이 피고 잎이 지고 바람과 눈 맞는 모습, 눈 맞은 모습 등. 특히 차나무가 아니더라도 오래된 나무에 대한 동경이 있다. 도종환 시인의 「사랑하면 보입니다」라는 수필을 좋아한 지가 꽤 오래되어 가끔 인용도 하고 혼자 외워 보기도 한다. 도종환 시인의 「사랑하면 보입니다」의 주체는 배롱나무지만 충분히 오래된 차나무로 대상을 바꾸면 딱 나의 상황과 맞아떨어진다.

　　"그동안에도 다른 사람들이 배롱나무에 관해 이야기하는 소리를 듣지
　　못했던 것은 아닙니다. 그러나 다른 사람들이 배롱나무꽃 사진을 보여
　　주고 이야기를 해도 별로 관심을 두지 않았습니다.

(중간 생략)

그런데 이 꽃이 늘 다니던 길에 피어 있어도 알지 못하다가 꽃의 아름다움을 발견하고부터 배롱나무가 따라오는 것 같았습니다.

(중간 생략)

사랑하기 전까지는 많은 나무 사이에 섞여 보이지 않다가 사랑하게 된 뒤부터는 보이기 시작합니다. 어디 있어도 보이고 내가 어느 곳에 가든지 거기까지 따라와 함께 있는 걸 알게 되었습니다.

(중간 생략)

그렇습니다. 사랑하면 보입니다. 꽃이든 나무든 사람이든 사랑하면 비로소 그가 보입니다. 어디에 있어도 늘 함께 있는 그가 보입니다. 참으로 아름다워 그 꽃을 떠나지 못하다가 돌아서면 다시 그리워지는 꽃. 배롱나무가 내게 그런 꽃이 되어버렸듯이 사람마다 그런 사랑이 있을 겁니다. 사랑하면 보입니다."

홀로 걸어서 출퇴근하는 길에 차나무인 듯 아닌 듯한 그루의 나무가 한자리에 서 있었다. 몇 개월을 걸어서 출근할 때 눈에는 보였지만 머리에는 들어오지 않는 차나무였다. 그냥 그런 나무 한 그루로 보였고 햇살이 눈부시게 쏟아지는 날은 가끔 모습이 예쁘다는 생각이 들었고 무심히 사진을 찍긴 했었다. 그리 큰 신체를 가진 것도 아니고 우람한 형태도 아니었고 단순히 차나무일 뿐이라는 무의식이 내 의식의 관심을 넘었다. 어느 날부터 화개의 차신에 관심을 가진 이후에도 이곳 차신은 내 주의를 끌지 못했다. 차신을 찾아 이 산 저 산 쏘아 다닌 지 한참이 지난 뒤에도 그 길을 걸어서 출퇴근했고 그 차신은 오히려 무심한 나를 비웃고 있었을 것이다. 어느 날 문득 밥을 먹는데 출퇴근길의 차신이 전광석화처럼 내 눈앞에 떠오르고 아차 싶어 핸드폰의 앨범을 뒤지니 그의 사계가 다 들어왔다. 햇빛 좋은 날, 눈 오는 날, 비 오는 날, 새싹이 막 피는 날, 꽃이 가득 핀 날의 모습이 고스란히 앨범 속에 있었다. 반가움이 심장에 달아올랐다. 왜 그의 존재를 생각해 내지 못했을까? 너무 소중한 차신의 자취를 품고 있었다는 뿌듯함에 세상을 삼킬 것 같은 기분이 들었다. 만약 차신들에 관한 책을 낸다면 표지로 사용하리라는 맘까지 먹었다. 그리 잘나지 않았지만, 분명히 표현하기 어려운 메시지가 있는 차신이다.

이곳 차신은 주인의 사랑을 먹고 자라는 나무다. 오가다 보면 풀이 그다지 자라지 않았는데도 자주 벌초가 되어 있고 거름으로 덮여 있을 때도 있다. 차신은 크게 네 줄기로 동서남북을 가리키며 서 있다. 위엄을 갖춘 것은 아니지만 이십 대 청춘 같은 패기는 있어 보인다. 소엽종으로 가을이면 꽃과 열매가 조락조락 달렸다. 말을 좀 보태면 꽃과 열매 때문에 가지가 찢어질 것같이 보인 적도 있었다. 지나가는 길고양이가 웃을지 몰라도 생각이 그랬던 건 사실이다. 야윈 자식을 보면 애달파하는 부모처럼 관심을 두게 되면서 키만 삐죽하게 큰 차신이 애잔해서 가지를 어루만져 주게 되었다. 어제는 비가 내렸다. 주변이 깔끔하다. 주인은 큰비가 온다는 소식에 벌초해 두었나 보다. 그리고 그 옆에 가지가 굵은 차신이 심겨 있는 것을 발견. 나의 기준 100년은 넘을 듯한 차세대 차신을 단정히 전지하여 차신 옆에 심어 두었다. 제2의 차신을 키우는 다농의 마음이 엿보여서 핸드폰을 꺼내 막 사진을 찍었다. 아마도 새로 심은 차신의 사계도 매일매일 확인을 하게 될 것 같다. 지금은 잎도 없고 덩그러니 가지만 몇 개 있지만, 장마가 지나고 여름의 햇빛을 맞은 초가을 즈음이면 분명 무성해 있을 것이다. 기대를 안고 차신을 생각해 본다. 사랑하면 보이니까.

눈을 맞고 있는 모습마저 평화롭게 보인다. 겨울.

차꽃이 말라 황금처럼 눈 속에서 빛난다.

차꽃과 차씨가 무수히 많이 달려 있다.

봄날 오후 차신의 새순에 빛이 머물고 있다.

장맛비를 맞고 있다.

여름인데도 소엽종이라 마른 차씨의 크기와 찻잎이 비슷하다.

8월 중순 여름비를 맞고 있는 모습. 고목은 꽃과 씨를 쉽게 버리지 않는다.

차신이 무너질 만큼 꽃이 조락조락 달렸다. 10월.

11월의 차신

겨울 맑은 날 차신의 밑동

주인이 옮겨 심은 미래의 차신

불비불명(不飛不鳴)

잎의 종류 : 중엽종, 덖음차, 백차

잎의 형태 : 어긋나기, 잎과 잎 사이가 좁음, 잎은 둥근형.

나무의 수형 : 1나무는 버드나무 형태로 위로 자람, 2나무는 하층이 잘 보이지 않고 상층
은 정원수처럼 자람.

나무의 특징 : 1나무는 키가 위로 자라고 2나무는 둥글게 자라는데 부부 같다.

현재 : 관리

    불비불명. 옛 속담에 날지도 않고 울지도 않는다는 말로, 큰일을 하기 위해 오랫
동안 조용히 때를 기다린다는 말이다. 미약하게 시작한 일이 큰일을 이루게 될지 한
치 앞을 내다볼 수 없지만 뜻을 품었으면 도전하고 이루는 것이 이치다. 지난 가을
멀리서 바라보니 버드나무인지 밤나무인지 구별이 안 되는 나무가 있어서 엉금엉
금 팔이 앞다리가 되어 기어올랐다. 고사리와 드문드문 어린 차나무가 있고 잡목도
휑하니 한 그루씩 있는데 경사가 심해 도저히 직선으로 오를 수 없어 지그재그로 두
팔까지 이용해서 걸어 올라가니 그리 크지는 않지만 지름 20cm 정도 됨직한 나무가
있었다. 가을에 찾았을 때는 쇠어 버린 고사리 잎들이 말라서 발걸음을 지탱해 주어
오르기가 좀 수월했고 겨울에는 이 고사리 잎이 서리와 비에 얼어서 미끄러워 고사
리 잎을 잡아서 오르려고 해도 뿌리가 약하다 보니 뿌리째 뽑혀 버려 더 위험했다.

고사리 잎들이 미끄럼틀 역할을 해 주어 몇 번이나 쭉쭉 미끄러졌다. 일단 올라가기는 했지만, 살얼음판이 물가에만 적용되는 건 아니었다. 그만큼 발목과 팔목에 무리를 주었고 이곳 탐사를 마친 후에는 온몸에 파스를 붙여야만 했다.

봄날 이곳을 다시 찾아가니 이젠 흙이 너무 부드러워서 발이 빠지면서 쭉쭉 미끄러졌다. 다른 차신들보다 그리 크지 않고 잘생긴 것도 아닌데 포기할까 싶은 마음도 들었다. 도로에서 먼 거리도 아니고 길이 옹색해서 의지를 꺾을 마음이 자꾸 생기는 것은 두 시간 정도의 수면 때문이다. 새벽까지 차를 덖고 아침도 안 먹고 시작한 탐사라 지친 상태였다. 그래도 마음을 다잡고 기어이 오른 이유는 충분히 가능성 있는 차나무였기 때문이다. 햇빛을 받아 광합성작용을 하고 주변의 잡풀만 제거해 주어도 20, 30년 후에는 훌륭한 차신으로 변모해 있을 것이라는 믿음이 있는 나무였다. 걱정이 나무를 키우는 것은 아니겠지만 화학 비료든, 유기농 비료든 영양을 줄수록 단명을 하니 걱정이다. 차나무에 있어서 가장 큰 영양소는 빗물이다. 빗물의 질소와 양이온과 음이온만으로도 차나무는 수백 년을 충분히 살 수 있다. 오래된 나무는 모두 큰 바위 위나 바위 속에서 자라고 있음을 상기한다면 방치하듯 두는 것이 가장 옳은 방법이다. 광합성작용만 충분히 할 수 있게 여건을 만들어 준다면 가만히 두어도 훌륭하게 성장할 수 있다는 믿음이 든다.

같은 장소에서 오르막을 20m 정도만 더 오르면 또 예쁜 차신이 있다. 이 차신의 나이도 그리 오래되지 않은 듯한데 일단 풍성하다. 작은 능선의 끝자락이라 넉넉하게 계곡을 바라보는 자태가 편안하게 보인다. 아래 나무와 부부 같기도 하고 연인 같기도 하다. 아래 나무가 남성스럽게 키도 크고 우람하다면 위 나무는 12폭 치마를 입은 모습처럼 우아하게 보인다고 할까? 외롭게 보이지 않아서 좋았고 기다림을 아는 나무들 같아서 좋았다.

차나무의 찬란한 절정의 시간은 10월이다. 지구 어느 나무에서 잎과 씨와 꽃을 같은 계절에 같이 볼 수 있는가? 또한 차나무는 암수 생식기가 같은 양성화이다. 그래서 어느 차나무나 꽃이 피고 씨가 맺힌다. 어쩌면 요즘 한창 말 많은 젠더현상에 입을 꾹 닫게 만드는 식물일지도 모른다. 그래서 그랬을까? 지리산 어르신들은 혼례에 차와 차꽃과 차씨에 관한 많은 미풍양속을 챙겨서 이어져 왔다. 차나무의 남녀 구별 없음과 자녀들의 장수와 다산과 건강을 기도했던 마음을 사주단자에 차와 차씨를 넣어 보내고 차꽃으로 밀주를 담가 첫날밤 혼례주로 마시게 했던 부모의 간절함이 그대로 전해져 오는 느낌이다. 지금은 사라진 우리의 아름다운 풍속이 앞으로도 전해지길 바란다.

마침 올 10월 중순이면 딸이 결혼한다. 그 전통을 따를 수 있어 너무 좋다. 차꽃으로 소량의 소주도 내리고 청주도 내려서 사돈댁에 보내고 차씨로 짠 생 기름도 식전에 드리게 하려고 한다. 돌아가신 할머니 때부터 만들어 온 밀주였던 하동 차꽃 주(酒)(옛 방식대로 지금 생산하는 차꽃주 브랜드는 '핀꽃')는 딸과 사위의 신혼여행에서 마시게 여행 가방에 넣어 주고 싶고 신혼여행 다녀오면 시가족들 아침 식사 전에 맛있는 차를 우려 드리게끔 일러 주려고 한다. 이참에 차꽃으로 탁주도 내리고 차씨도 말려서 예쁜 화분과 함께 결혼식에 참석해 준 일가친척들에게 선물하려고 하니 벌써 기쁘다.

문화와 역사는 반복되기도 하고 연속되기도 한다. 좋은 차 문화를 다시 되살려서 역사의 부흥에 한몫하기를 바라는 맘이다.

고사리 밭 언덕에서 홀로 덩그러니 있는 차신

키가 큰 편이며 가지가 매끄러운 편

뿌리가 줄기에 비해 매우 굵음

중층 모습

주인에 의해 관리가 되고 있다. 드러난 뿌리가 여러 줄기를 형성했는데 다 굵다.

1번 나무와 2번 나무 사이의 경사도가 심하다.

수형이 자연스럽다.

하층의 모습인데 여러 줄기가 오밀조밀 모여 있다 보니 크게 자라지는 못한 듯하다.

찻잎의 형태는 둥글다.

열두 달 박물관

잎의 종류 : 중엽종 - 청차, 황차

잎의 형태 : 3~4잎 어긋나기

나무의 수형 : 밑동부터 여러 개의 줄기 생성, 사방으로 뻗어 자람.

나무의 특징 : 잎이 무성하지 않고 가지 끝에 서너 잎이 남, 꽃과 열매가 많이 달려서 말라 있음.

현재 : 관리

악양면 정서마을은 추억이 많은 곳이다. 화개면 부춘마을(옛 지명, 불출동)에서 은거하며 공부만 하시던 조부모님께서 악양중학교 입구에 한약방을 여셨던 곳이고 토요일 오후 세 시 완행버스에는 우리 남매들이 자주 앉아 있었다. 엄마는 조부모님께 드릴 먹을 것들을 해서 우리 손에 들려 보내곤 하셨다. 두 되짜리 노란 양은 주전자에 식혜를 담고 주전자 주둥이는 으깬 쑥으로 막아 조부모님 집으로 가는 길은 덜컹거리는 버스 안에서도 설레었다. 자주 언급하지만 많고 많은 손자 중에 할머니는 나를 유독 아끼셨고 불공드리러 갈 때도 가끔 나를 데리고 다녔다. 아마 수명이 열 살을 넘기지 못할 것이라는 선무당이나 주변인들의 말을 듣고 그랬던 것 같다. 난 중학교 졸업 때까지 한약을 끊어 본 적이 없고 고기나 생선은 냄새도 못 맡을 만큼 몸이 부실했다.

한약방을 하시는 조부모님 집에는 약을 지으러 손님도 많고 일 도와주는 언니는 눈치를 주기도 해서 놀거리가 없는 우리는 정서마을 부근을 어슬렁거리며 놀았다. 취간림, 악양정자, 현재의 매암차밭 부근, 그래도 심심하면 문암송까지 걸어서 다녀오곤 했다. 당시에 정서마을에 차밭이 있었는지는 기억에 없는데 눈에 띄는 또래의 남자아이 한 명이 있었다. 그 애는 늘 주먹을 불끈 쥐고 눈을 부라리며 두툼한 입술을 쭉 내밀고 다녔다. 귀공자 유형이었는데 귀여운 독재자 같았고 가슴에는 늘 손수건을 달고 다녔다. 그러나 그 아이는 손수건을 한 번도 사용하지 않는지 늘 칼날처럼 손수건 각이 잘 세워져 가슴팍에 달고 다녔다.

그 나이 때에 내외한 것은 아니지만 말 한 번 걸지 못하고 둘 다 데면데면 그렇게 지냈다. 하동군 교육청에서 1년에 한두 번 군 학예회를 여는 날이면 각 학교 대표들이 같은 버스를 타고 읍내까지 갔다. 3, 4학년이 되면서부터 난 쌍계초등학교 대표로 이 남자아이는 악양초등학교 대표로 같은 장소에서 글짓기나 사생대회를 했다. 지리산 오지 산골이라 버스는 고작 하루에 서너 대 다녔으니 완행버스 한 대가 화개 끝 마을 의신에서부터 내려오면 일반인들은 물론이고 왕성초등학교, 쌍계초등학교, 화개초등학교, 악양초등학교, 축지초등학교까지 쭉 둘러 학교를 대표하는 아이들을 태웠다. 이 남자아이는 악양초등학교 대표로 어김없이 고학년이 되도록 함께했고 나는 조부께서 별세하시고 그 아이는 도시로 유학을 하러 간 후 서로 소식을 모르다가 30대 초반에 매암차 박물관에서 집에 다니러 온 그를 만났다. 그가 현재 악양의 매암차박물관 강동호 관장이다.

이제 서로 늙어가는 처지라 할 말 안 할 말 구분 없이 해 대고 차에 대한 교감을 많이 하는 도반으로 지내고 있다.

　사족이 길었다. 난 B급 건물을 선호한다. 무조건 노후화된 건물은 부숴서 새로 짓는 일을 찬성하지 않는다. 어디서나 볼 수 있는 비슷한 느낌의 건물은 왠지 정감이 가지 않는다. 돈을 주고 하는 실내장식은 누구나 할 수 있다. 그러나 집주인의 솜씨와 감을 반영한 건물은 그리 흔하지 않다. 그래서 지금 식당을 운영하는 찻잎마술도 1972년도에 지어진 새마을 집인데 부모님께서 1994년에 수세식 화장실로 개조한 이후 벽지만 바꾸고 부엌만 넓혀 원형을 그대로 살려 2011년 식당 문을 열었다. 매암차박물관도 일본식 적산가옥 그대로 유지한 채 옛 차 도구들을 전시한 소박한 박물관이다. 또한 오래된 농막을 원형 그대로 되살려 소박하게 차실을 운영하고 있다. 큰 규모의 차밭에 소박한 차박물관과 소담한 차실은 차인(茶人)이라면 누구나 꾸는 작은 희망 아닐까? 여하튼 그곳에도 몇 그루의 차신이 있다. 수백 년까지는 아니지만, 충분히 보호받을 자격이 있을 만큼 수령이 있는 나무다. 차밭을 산책하며 고택의 유물을 감상하고 차를 마시는 풍경은 상상만 해도 오랜 족자 속의 그림이 떠오르지 않는가?

박물관 앞에 위치한 차신

측면에서 본 밑동

수년 된 차씨가 말라서 달려 있는 모양

줄기에 비해 밑동이 굵다.

상층은 고사된 줄기가 더러 있음

뒷쪽 모습

밀동이 시멘트로 덮혀져 있지만 흙처럼 삭아 있다.

차신에서 떨어진 차씨

차 밭 한가운데 차신의 줄기가 줄기가 지그재그 형태로 자라고 있다.

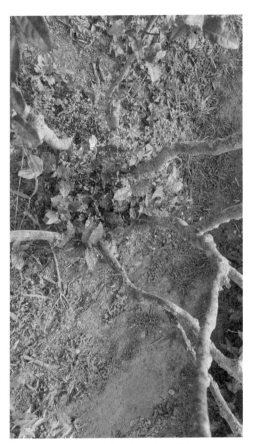

위에서 내려다본 줄기의 밑동   가지에 나고 있는 새순

7~8개의 굵은 줄기의 차신 상층 모습

고목에 이끼가 많고 새순이 돋고 있다.

낮달이 쉬어 가는 곳

잎의 종류 : 1나무 중엽종, 덖음차, 황차, 2나무 소엽종, 백차, 덖음차

잎의 형태 : 어긋나기

나무의 수형 : 1나무 관상목형, 2나무 버드나무형

나무의 특징 : 1나무 상층이 둥글고 사람이 숨어도 안 보임.

현재 : 관리

    큰 나무 아래는 작은 나무가 클 수 없다고 하지만 누군가 그늘에 앉아 쉴 수 있는 이유는 거친 비바람에도 쓰러지지 않고 견뎌낸 큰 나무 덕분이다. 나무의 버팀목이 되어 주는 것은 바위이고 나무와 바위는 서로 지탱해 주면서 살고 있다. 혹독한 자연환경의 시달림을 달게 받아들이는 나무들이 있어 종자를 번식시키고 우주의 시간을 유람하며 오늘날 후계 다농인들 밥벌이를 도와주니 고맙다는 말밖에 못 하는 것이 애석할 따름이다. 보태서 상처 하나 없이 잘 커 온 차신을 만난 뿌듯함은 짧은 단어로 표현하기조차 어렵다.

    오래된 차나무를 탐사하러 다닌다는 말을 들은 주변 분들이 궁금해하는 것은 나무가 어디에 있는지 알고 다니느냐는 것이다. 당연히 모른다고 답을 한다. 차밭 주

인도 누군지 모르고 산 주인도 모른다. 초록색 나무가 있는 곳이면 무작정 산을 오르고 냇물을 건넜다. 가을 겨울에는 차밭이나 산에 딱히 할 일이 없으니 다농들도 눈에 띄지 않아 다행이었지만 봄에는 혹시 두릅, 머위, 고사리 서리 범인으로 몰릴까 봐 몸을 사리면서 다녔다. 멀리 산등성이를 바라보면 푸릇푸릇한 나무들이 있어서 한겨울에도 내를 건너고 산을 올라서 확인을 해 보면 산죽이다. 이럴 때는 진짜 허망하다. 시간이 남아서 다니는 처지가 아니었기에 맥이 빠졌다. 늦봄이나 여름에는 온갖 잡풀들이 몸을 할퀴고 모기보다 100배는 강한 여기에서 쓰는 말로 깔따구, 지네, 뱀 등이 괴롭혀서 몸서리를 치는 일은 일상이 되었다.

예외도 있지만, 차신을 찾는 노하우는 크게 세 가지이다.
첫째, 샛강
둘째, 바위
셋째, 차씨와 차꽃이 말라서 나무에 붙어 있음.

차신의 70% 이상은 위의 세 가지를 기준으로 찾았다. 일단 작은 계곡이 있으면 계곡을 오르다가 사람 손이 닿기 힘든 험한 바위 무더기가 보이고 차나무 닮은 나무만 보이면 주변을 뒤진다. 아무리 차나무의 키가 크고 우람해도 지난해 핀 차씨와 차꽃이 말라서 붙어 있지 않다면 50년 이하의 나무이다. 어찌 보면 고사하지 않기 위해 우리에게 보내는 신들의 신호가 아닐까? 그동안 우리 나름 찾은 차신은 넉넉잡아 200여 그루가 넘는다. 그중에서 개성 있는 나무들만 소개하게 되어 많은 아쉬움이 있지만, 앞으로도 꾸준히 못다 한 탐사를 계속하려고 마음먹고 있어 크게 상심하지 않으려고 한다.

이곳 차신은 외형만 따진다면 아주 아름다운 차신이다. 그리고 차신을 지탱하고 있는 바위와 절묘한 한 쌍이다. 마치 여왕과 수호 장군 같은 느낌이다. 차신들이 바위에 깔려서 사람들의 손길을 어쩔 수 없이 피해서 수명을 지탱했다면 이곳 차신은 엄밀히 바위 옆에서 자랐다. 수형도 마치 수십 년 된 배롱나무를 보는 느낌이라 온화함까지 전해져 온다. 차신 밑으로 들어가 서 있어도 전혀 불편하지 않다. 또한 20여 미터 정도 옆에는 자식 같은 소엽종의 차신이 또 있다. 왜소하다 싶을 수도 있겠으나 자세히 보면 소엽종으로써 충분히 자태를 갖추고 있고 주인 다농의 세세한 보살핌이 느껴진다. 여기 삐죽 저기 삐죽 어지럽게 난 잔가지들은 정리하고 버드나무 형으로 잘 가꿔 놓았다. 산림, 즉 숲은 미래의 사람들에 있어 존속의 지표가 된다고 믿는다. 얼마 전까지 세 그루의 큰 전나무가 언덕 능선에 있었다. 낮달이 전나무 끝에 걸리면 차신과 바위와 언덕 위의 전나무가 겹쳐지면 풍경화 그 자체가 되었다. 그런데 전나무 한 그루가 고사(枯死)가 되는 중이다. 낮달이 맘 편하게 쉬어 갈 수 없게 되어서 슬퍼졌다.

낮달은 겨울에도 봄에도 여름에도 가을에도 때가 되면 그 자리를 지나간다. 달이 차면 그 목가적 풍경을 차 여행자들과 공유할 수 있는 날이 오기를.

겨울의 차나무 전체 모습

수형이 매우 아름답다.

바위 뒤에서 본 형태

다듬지 않아도 수형이 둥글게 자란다.

아래서 위로 찍은 모습

여러 줄기 중 가장 굵은 줄기를 팔뚝과 비교해 보는 중

차신의 아래로 들어가면 사람도 잘 보이지 않는다. 속 모습

꼬여서 자라기도 하며 이 중 유독 굵은 줄기가 한두 개 보임

나무 속에서 중층의 정면을 찍었다.

소엽종이 자라고 있는 봄날

외줄기로 자라다가 중층에서 몇 가지가 생성되었다.

뒷면도 앞면과 닮았다.

중층부터 여러 줄기로 나누어짐

중층과 하층의 경계

저 삼나무 끝에 낮달이 걸리면 밤이 오는 줄……

1-5

시간에게 받은 시(詩)

잎의 종류 : 중엽종 - 백차, 황차
잎의 형태 : 1, 2나무 - 어긋나기, 잎은 길쭉하되 톱니가 선명하지 않고 개수가 적음,
　　　　　　 잎과 잎 사이 간격이 좁음.
나무의 수형 : 중층까지 외줄기로 자라다가 중층에서 몇 개의 줄기가 생성되어 자람.
나무의 특징 : 줄기에 표피가 있는 것으로 보아 지형의 변화로 뿌리가 줄기화(化)됨.
현재 : 관리

　　2년 전쯤 덖음차보존회 회원님들과 식사 자리가 있었다. 제대로 된 차신을 발견
했다며 차꽃을 조락조락 달고 파란 가을 하늘을 향해 뻗은 두 그루의 차나무 사진을
보여 주었다. 11월 차꽃이 만개했을 때 찍은 사진이었다. 아름답고 웅장하여 숨이
멎을 지경이었다. 우연이라도 꿈에라도 한 번 봤으면 좋겠다며 감탄을 했다. 차나
무의 전체적인 실루엣이 남다른 에너지가 보여 보고 싶다고 하니 어디쯤이라고 일
러 주었지만 정확하게 추측이 어려웠다. 너무 보고 싶어서 이웃에 사는 만수제다(製
茶) 사장에게 부탁하였다. 흔쾌히 허락해서 추운 초겨울 오후에 함께 찾아갔다.

　　익숙한 곳이었지만 정작 차신을 찾아간다고 생각하니 경직되어서 그런지 바위산
을 걷는 발걸음이 조심스러웠다. 한마디로 이 차밭은 전체가 고목의 성지 같았다.

차나무 한 그루에 바위 하나라고 할 만큼 바위 밭이라 암차는 아니지만, 암차(岩茶)의 흉내 정도는 충분히 낼 수 있는 형태였다. 이 차밭은 샛강을 끼고 있어 지리산에 많은 비가 내리면 마치 고속도로를 달리듯 많은 물이 세차게 흐르는 계곡 옆에 있다. 이 차밭은 맥전마을 조봉현 다농이 관리한다. 그날 이후 심심하면 이곳 차밭을 찾아갔다. 야생차밭의 매력은 한둘이 아니었다. 바위들은 설치미술이 비치된 듯하고 차나무는 한 그루 한 그루가 그냥 지나칠 수 없을 만큼 매력을 가졌다. 찻잎은 중엽종도 있고 대엽종도 있고 소엽종도 있어 차나무 수목원 같다. 비좁은 바위틈에서 어찌 뿌리를 내리고 긴 시간을 커 왔는지 되려 차나무에 묻고 싶은 심정이었다. 나역시 대를 이어 다농으로서 행복했고 뿌듯했다. 꽃밭의 꽃보다, 그림 속의 꽃보다 더 훨씬 우아하고 섬세한 이끼 핀 바위에 앉아 절로 명상에 사로잡혀 있다 보면 조상들께서 보낸 한 편의 서정시가 귓가에 들리고 시심에 시 한 수가 절로 나오는 곳이다.

이곳 차나무의 특징은 외줄기라는 것이다. 외줄기 나무는 희소성이 크다. 크고 작은 고차수를 수백 그루 이상 발견했지만, 외줄기는 드문 편이다. 줄기에 표피가 남아 있는 걸로 봐서 일정 시간 중층까지는 뿌리였을 가능성이 크다. 이 지역이 한때 지진으로 산사태가 나서 마을 전체가 피해를 본 적이 있는 것을 참작하면 대충 추측만 해 본다. 오래된 차나무에서 딴 차의 맛을 사람들은 어찌 알고 중작 1kg에 십만 원에 수매해 갈 만큼 인기가 있다고 한다. 짐작건대 이 차밭에서 딴 찻잎은 단맛이 아주 오래갈 것이다. 그리고 향이 진할 것이다. 야생의 멋과 맛으로 승부를 걸어도 될 만큼 좋은 여건을 충분히 가지고 있다. 유명세로 인해 코로나 이전에는 차를 연구하고 탐구하리 온 국내 유명학자들이 왕래가 잦았다고 다농이 전해 준다. 코로

나 종식 이후에는 이보다 더 많은 분들이 탐사를 올 것이다. 비공식적인 이야기지만 이곳의 큰 야생 차나무 수령이 600~800년으로 추측되고 있다 하니 연구 자료를 토대로 말을 하였을 뿐 실질적 수령 측정은 하지 않았다고 하는데 말의 신빙성은 크게 벗어나지 않을 것이다. 이 차신의 품세는 정말 일품이다. 밑동부터 중층까지는 외줄기며 중층부터 상층까지는 몇 줄기가 더 생성되어 사방으로 뻗어 있다. 나무의 높이 3.5m 이상으로 측정되었다.

고목의 특성을 보면 차꽃과 차씨가 빼곡히 많이 달리는 특징이 있다. 그 차씨들은 1, 2년 넘어서 바싹 말라 있는데도 땅으로 떨어지지 않고 수년을 나무에 매달려 있다는 것이다. 그래서 11월에 고목 찾기가 가장 수월했다. 멀리서 봐도 찻잎보다 차꽃의 개체 수가 더 많게 느껴질 정도이다. 사계절 내내 마른 차꽃과 차씨가 차나무 가지에 찰싹 붙어서 떨어지지도 않고 버티고 있다. 조사를 해 보면 나무에 매달려 있는 마른 차꽃과 차씨는 한해살이가 아니다. 2, 3년 동안 매달려 있는 것도 있다. 땅심이 그렇게 척박한데도 버티고 올라와 열매와 차꽃을 맺는 힘을 발휘하고 그 에너지로 1년 이상을 비바람이나 뜨거운 빛에도 버티고 있다.

겨울 끝자락에 차신을 보러 가니 마침 고로쇠 물을 채취하고 있던 다농을 만났다. 아버지, 할아버지 때부터 이곳에서 찻잎을 따냈다고 했다. 이 차밭에는 지금까지 온갖 넝쿨식물이 자라고 있었단다. 차밭의 진가를 몰랐으니까 어쩌면 당연했을지도 모른다. 담쟁이넝쿨, 마삭줄, 인동초, 찔레 넝쿨 등등. 몇 년 전 넝쿨을 모두 걷어내었을 때 비로소 오래된 차나무의 윤곽이 드러났고 가지 둘레가 40cm가 되는 고목이 여러 그루 존재하며 차 단지로 개간하고 싶다는 포부를 밝혔다. 그의 갈망이 목마르지 않았으면 좋겠다.

앞으로 관광객들이 올 것을 대비하여 행정에서도 애쓰고 있는 것이 보인다. 계곡에는 예쁜 아치형 나무다리도 만들었다. 이곳 야생 차나무 평균 나이는 한 세기가 넘은 것으로 추정되는데 고목의 성격이 드러나는 차나무가 한두 그루가 아니니 계획적인 관리의 시작인 셈이다.

자세히 찾으면 차신이 많이 존재하는 그림 같은 차밭

현재 관리되고 있는 외줄기의 차신. 표피가 있는 것으로 보아 원래 중층까지 뿌리 부분이었다.

차신의 윗부분이며 높이는 3m 50cm

세월과 고난의 흔적을 잘 느끼게 하는 차신의 가지

겨울에 방문한 바위틈에서 나온 차신인데 수많은 우여곡절을 겪은 듯 곧지 않다. 하층은 뿌리였다.

친한 도반과 함께 차신 탐사. 차에 인생을 건 분이다.

아래에서 위쪽으로 향하여 촬영한 사진

차신 주변의 절경

해마다 전지되어서 몽땅하게 느껴질 만큼 위로 자라지 못했다.

이 지역은 거의 바위로 이루어져 있어서
척박하게 자라는 차나무들이 많다.

원줄기는 잘려지고
다시 곁줄기가 생성되었다.

개울 주변 언덕이 무너져 뿌리를 보인 차신

뿌리 부분은 굵으나 전지로 인해 키가 작은 차신의 모습

야생차밭 주인의 모습이며
무척 부지런한 다능이다.

겨울 탐사 후 진흙길이 해동이 되면서
차 운행이 불가하여 견인차 호출

누워서 자라는 나무

잎의 종류 : 중엽종, 덖음차, 청차, 황차
잎의 형태 : 어긋나기, 잎의 아랫부분은 둥그나 윗부분은 길쭉하다.
나무의 수형 : 'ㄴ'자로 자람. │은 짧고 ─은 2m 이상.
나무의 특징 : 누워서 자라고 있는데 4/5 정도의 외줄기이며 중상하층 모두 건강.
현재 : 방목

　차신 탐사를 다니면서 절치부심한 적이 많다. 이곳 차나무를 보면 더욱 그랬다. 나무들은 그저 고만고만하다. 잘 다듬어져 있고 전형적인 티백 차 생산 차밭처럼 조성되어 있는데 아마 다듬기를 그렇게 가지런하게 해 둔 듯싶다. 가파른 샛강을 끼고 있어서 가뭄만 아니면 실 줄기 같은 물이 흐르고 이른 봄부터 초여름까지 금낭화가 낭자하게 피어 있다. 이곳은 번듯한 차나무는 아니지만 눈여겨볼 만한 차나무가 제법 있다. 시간이 주어진다면 넓은 차밭의 차나무 밑동을 모두 뒤지고 싶을 만큼 개성 있는 차신들이다. 어떤 차신은 2m 이상 와불처럼 누워서 자라기도 하고 반석 위에서 수줍게 자라기도 하고 잡목과 뿌리가 엮여서 자라고 있기도 하다. 이곳 역시 관리를 못 받은 차나무들이 썩어 말라 가고 있다. 전지를 몇 해 미루고 키를 키운 후 밑동만 정리해 주어도 광합성작용이 충분히 되어 제법 그럴싸한 태를 갖춘 나무로 유지될 수 있겠다.

경사가 가파른 차밭이라 탐사하기가 여간 성가신 곳이 아니지만, 골이 깊고 고즈 넉하여 지루하지 않은 차밭이다. 5월이 오니 검은등뻐꾸기가 특유의 울음소리로 홀 딱벗고를 외치니 더 정감 가는 차밭이다. 아래쪽 중간 두께의 차나무는 잡나무와 엉 켜서 제법 긴 시간을 함께 했는지 큰 바위를 반석 삼아 동굴 속에 뿌리를 둔 한 그루 는 외형이 참으로 얌전하게 생겼다. 차나무도 성품을 그대로 표현하고 있어서 멀리 서 외형만 봐도 소엽종에 가까울 것이라고 짐작했는데 예상이 맞았다. 한참을 또 올 라가니 기가 막히게 차나무가 누워서 우리를 얕보듯 쳐다보고 있으면서 집채만 한 바위를 베개 삼아 누워져 있다. 참 몸매가 일정하게 길다. 지진이나 산사태로 드러 누운 팔자가 되었겠지만, 찻잎을 따는 사람이다 보니 요염하기보다는 신성스럽게 보였다. 어쩜 이무기가 승천하려다 이곳이 좋아 포기했을지도 모르겠다. 이대로 상 층 부분은 관리도 하지 않고 그대로 두었더라면 두근거림이 몇 배는 더 강렬한 미팅 을 하지 않았을까….

자꾸 말과 글이 길어져서 큰일이다. 주제넘게 자꾸 상기시키다 보면 하나둘 귀가 열리고 행동하는 선지자들이 많아지지 않을까 싶은 기대심이 부풀려져 글이나 말로 오지랖 넓은 행동을 하니 나도 참 딱하다. 오동나무도 딱딱한 뿔을 자를 수 있다는 말을 상기해 본다. 무른 오동나무 칼이 딱딱한 소뿔을 자르기가 어디 하루아침에 될 일인가? 그만큼 고된 시간이 흐르고 노력이 적재되어야만 가능한 일이다. 모두 단 결하는 마음이라면 화개의 차밭 문화가 세계적 가치를 지니게 되지 않을까 희망한 다.

뿌리가 완전히 드러난 고사된 차나무에 새 가지가 자라고 있다. 진정한 차신이다. 겨울.

고목에 새순이 나고 있다. 봄.　　　　죽어 있는 듯이 보이지만 1월에 움이 트고 있다.

무수한 뿌리가 얽혀서 자라는 차신(겨울)

무수한 줄기가 보이는 차신(봄)

밑동의 절반 이상이 고사됨

바위 위에서 사람이 일부러 가꾸는 것처럼 수형이 아름답다.

꼬이면서 올라오는 줄기

3m 높이의 줄기가 땅에 누워서 자란다.

상층 부분도 매우 건강한 상태이다.

위에서 본 모습

누워서 자라고 있는 차신 주변의 계곡이 깊다.

전체적인 풍경

1-7

가치

잎의 종류 : 중엽종 - 청차, 황차

잎의 형태 : 마주나다가 어긋나기 반복, 잎맥 뚜렷, 주로 계란형

나무의 수형 : 밑동은 외줄기에서 시작하여 많이 휘지 않고 위로 쑥 자람.

나무의 특징 : 반석 위에 종자 뿌리를 내려 바위와 바위 사이로 줄기가 뻗음.

현재 : 관리

　부모님께서 짓던 차밭이 있는데 몇 평 되지는 않지만, 재배차 1호인 셈이다. 큰오빠가 중학교 다닐 때 학교를 마치고 집으로 와 보니 부모님께서 빈 소주 됫병에 천원 지폐를 꾸겨 넣어 저금한 돈으로 밭을 한 뙈기 샀다고 했다. 그리고 친정아버지와 형제처럼 지내던 마을 어른의 조언에 따라 국사암과 쌍계사 주변의 야생차 씨앗을 따서 심었다. 어릴 적 우리는 그분을 큰아버지라고 생각할 만큼 부모님과 가깝게 지냈다. 개인적으로 그 어른이야 말로 화개에 차를 전파하신 공로자라고 생각한다. 그분 역시 용강마을에 몇 만 평의 차밭을 조성하였고 우리 차밭과 마주하고 있었다. 요는 부모님이 개간하신 차밭의 수령이 50여 년인데 차나무 두께가 그리 두껍지 않다는 것이다. 1973년 무렵부터 목압마을과 국사암 뒷산에서 차나무 씨앗을 채취해서 심었던 곳인데 지금 차나무의 굵기는 지름이 2cm 정도며 차나무의 높이는

240cm 정도였는데 올 2월에 낮게 전지를 했다. 수령이 50년 된 한국 야생차의 평균 굵기가 2cm 정도라면 이 지역의 중엽종 차나무의 표준 성장치를 가늠하기에 충분하다.

처음 고차수를 찾으리라 결심했을 때 한국에서의 고차수 기준을 어떻게 잡아야 할지 막막했다. 그래서 돌아가신 부모님의 차밭을 물려받아 차 농사를 짓고 있는 차밭을 표본 삼아 굴착기를 이용하여 차나무 몇 그루를 무작위로 파내어 보았다. 가장자리, 중심, 바위 밑, 산 아래까지. 하지만 줄기가 직경 2cm 넘는 것이 드물었다. 볕도 잘 들고 배수도 잘되는 터인데도 차나무는 많이 자라지 못했다. 화학 비료나 유기농 비료조차 한 적이 없긴 한데 생각보다 50년생 차나무는 뿌리나 줄기의 굵기는 기대치에 못 미쳤다. 차나무의 뿌리, 줄기, 가지를 평균으로 삼아야 한다는 무모함이 앞서 굴착기까지 동원하게 되었다. 차나무 상태를 파악하여 화개 야생 차나무와 고차수의 기준점을 50여 년 된 차나무로 가늠하기 위한 잣대였는데 지금은 기준을 정한다는 것이 얼마나 어리석은 생각인지 알게 되었다.

떡 본 김에 제사 지낸다는 비유가 맞을지 모르겠으나 굴착기로 차밭을 헤집고 나니 마침 부모님 봉분(封墳)에 떼가 좋지 않은 것이 보여 즉시 형제들과 상의하여 멀지 않은 봄날 매화 지고 벚꽃이 필 무렵 형제들이 모두 모여 3일 동안 직접 새 단장을 했다. 비가 얼마나 내렸는지 모른다. 그래도 정성을 다해 정원석도 심고 잔디도 심고 소나무, 구상나무도 주변에 심었다. 굴착기 기사님이 이런 형제들 처음 봤다고 감탄을 했다. 형제들도 뿌듯해했다. 이후에도 우리 차밭 주변과 매봉재 아래를 몇 번이나 찾아 헤매고 뒤졌다. 대나무 숲이라 차나무가 있다고 해도 사계절 내내 푸른 댓잎 때문에 고사하고 없을 것이라는 걸 알면서도 미련하게 대나무 숲을 뒤지고 다녔다.

등잔 밑이 어둡다고 하더니 우리 차밭에서 10m쯤 떨어진 바위틈에서 차신 한 그루를 발견했다. 그러면 그렇지! 잘 보아야 볼 수 있는 곳이긴 하지만 제 자리에 늘 있었을 차신에게 관심을 두지 않았으니 눈엔들 보일 리가 만무했다. 차신은 흙도 제대로 없이 그저 하늘에서 내린 비와 미세먼지가 쌓여 터를 채운 곳이었다. 그곳에 차씨가 움트고 바위틈 사이로 빛을 찾아 저 정도 성장을 했다는 것은 비교 대상이 없었다. 차신의 뿌리가 궁금하였다. 무작정 바위 속으로 발과 몸을 들이밀었다. 그러나 더 들어갈 수가 없었다. 팔을 뻗을 대로 뻗어 휴대전화기로 무작정 몇 커트 사진을 찍었다. 앨범을 들여다보니 차신이 자란 밑동의 초라함은 애처로웠다. 그저 부엽토에 의지해 자라났을 뿐이었다. 앞으로 사람들도 백 세 시대라고 하지만 차신에 비하면 겨우 백 살인 셈이다. 차나무는 우리나라 기후로 따졌을 때 일 년에 1~5mm 정도 자란다고 하는데 둘레 10cm를 넘기고 20cm를 넘기기까지 얼마나 많은 인고를 했을까 싶다. 경이로운 마음은 갈수록 더 커졌다. 차를 사랑하는 우리들은 앞으로 어떻게 행동해야 할까 하는 숙제가 머릿속을 채운다.

가치는 잣대로 잰다고 잴 수 있는 것이 아님을 새삼 깨닫는다. 잘생겼으나 못생겼으나 있는 그대로의 가치는 존재하니까 가능한 일이다.

두 개의 바위 속에서 자란 차신

4m 이상의 높이

몸을 들이밀어 바위 속 탐색을 시도하는 중

반석위 부엽토에 뿌리를 내린 모습

차신의 상층

바위 속에서 상층을 찍은 모습

1-8

용갱이 꼬랑

잎의 종류 : 중엽종

잎의 형태 : 어긋나기

나무의 수형 : 1나무 버드나무형, 2나무 관상목형, 기타

나무의 특징 : 1980년대만 해도 벼를 심었던 논이나 부근에 자라고 있음.

현재 : 관리

　어릴 적 이야기를 하자면 정확하게 추억을 말하라고 한다면 할 말 없음과 마침표다. 다섯 살 이전 기억은 조금 있는데 다섯 살 이후 기억은 별로 없다. 다섯 살 이전은 너무 어려서 기억이 없는 것이고 다섯 살 이후 기억은 아픔과 사투를 벌였기 때문이다. 매일 앞집 약방 아지매가 기절할 듯이 아파할 때마다 처방해 주는 마이신 약을 먹고 시들시들하다 잠든 기억과 죽은 듯이 축 처져 있으면 누군가 와서 주삿바늘로 엉덩이를 찌른 기억이 전부다. 자다가 느끼는 주사 통이 아프고 무서워서 고함이라도 한번 질러나 보자 싶어 고래고래 울었던 기억 외에는 다섯 살부터 초등학교 고학년 때까지 몇 가지 기억 빼고는 아예 없다고나 할까? 초등학교 때도 집과 학교만 겨우 왔다 갔다 했고 하교 후에도 친구들과 놀았던 기억보다는 드러누워서 잤던 기억이 더 많다.

그만큼 비실비실 아팠고 사람 구실 못하겠다는 말을 무시로 들었다. 맛있는 것은 내 차지, 예쁜 것도 내 것, 부모님 사랑도 독차지였다. 다른 여섯 형제에게 미안했던 유년 시절이다.

굳이 용갱이꼬랑이라고 소제목을 지은 것은 많지 않은 다섯 살 이전의 추억들이 용갱이꼬랑에 있고 지금도 여기 사람들은 모두 용갱이꼬랑이라고 말한다. 용강 계곡이라는 말의 사투리다. 용강마을은 내 탯자리다. 용강 계곡은 황장산에서 화개동천을 내려오는 바람 닮은 샛강이다. 언제나 같은 장소에 같은 꽃이 피고 같은 비를 맞는 비경을 보는 것은 큰 기쁨이다. 과거에는 계단식 논에 벼농사를 지었다. 이모작이라 보리농사 밀 농사도 짓고 감자, 고구마도 심었다. 지금은 차나무가 빽빽하게 들어서 있다. 용갱이꼬랑에는 없는 식물이 없다. 특히 봄이면 진달래가 온 산을 덮었다. 아장아장 걸을 때부터 친구랑 언니랑 놀거리를 찾아 다녔던 유일한 곳이다. 이 선명한 기억은 파김치만 보면 더 생생하다. 나는 음식을 만들 때마다 엔도르핀이 솟는데 이날의 기억이 그렇다. 봄날 오후 점심을 먹고 제대로 걸음도 못 걸을 때인데 대바구니를 한 개씩 들고 용갱이꼬랑 야산으로 진달래를 따 먹으러 갔다. 본능적인 산행이었다. 먹을 것 없고 놀거리가 없으니 친구 손잡고 가는 것이었다. 이때는 부모가 아이들을 돌본다기보다는 아이들이 알아서 놀아야 하던 시절이었다. 야산이라지만 네댓 살 아이들이 걷기에는 돌부리도 많고 솔잎과 솔방울이 밟혀 이리저리 넘어지기 일쑤였다. 그곳에는 '아다무락'이 많았다. 쉽게 말하면 아기들 무덤. 아마 애기를 '아'라고 하고 다무락은 담은 그릇이라는 뜻 같다. 과거에는 내가 이유 없이 골골거렸듯이 지리산 변방에 병원도 없고 돈도 없어 아이들이 많이 죽었다. 그러면 관 대신 커다란 장독 안에 아기 시신을 넣어 용갱이꼬랑 양지바른 곳에 묻어 주었다. 진달래를 너무 많이 따먹어서 입가에 시퍼렇게 진달래 물이 들고 서로의 모습을 마주 보며 깔깔거리다가 '아다무락'을 발견하면 어린 맘에 무서워서 신발도 버리고 도망쳐 올 때도 있었다. 다음에는 그 자리를 피한다고 피해 보지만 흔했던 아다무락은 피하기 힘들었다.

따 먹다 만 진달래로는 허기가 안 채워졌는데 줄행랑쳐서 집으로 돌아오니 오동통하게 살이 오른 봄의 마지막 쪽파가 장독대 절구 옆에 씻어져 있었다. 마침 엄마가 자주 여닫는 고추장 장독이 옆에 있었다. 박 바가지를 찾아서 쪽파를 담고 고추장을 넣어서 버무렸다. 친구랑 둘이서 아구아구 먹었는데 평생 먹은 음식 중에 최고의 맛이었다. 내 최초의 요리였다. 참기름이나 참깨를 넣은 기억은 아예 없지만 아마 조금 넣지 않았을까? 파김치 담글 줄 모르는 세대들에게 적극적으로 권장한다. 고추장 파김치!!

오랜만에 용갱이꼬랑으로 산책하러 갔다. 용갱이꼬랑 논에 차나무가 심어진 것은 1980년대쯤이고 기껏 30, 40년 정도 된다는 것을 아는지라 오래된 차신이 있을 것이라고는 기대도 하지 않았다. 흔히들 아는 만큼 보인다고 했다. 용갱이꼬랑 오른편으로 임도가 생겨 산책하기에도 좋다. 친구네 집 뒤편 모퉁이를 돌아서자마자 멀리 우뚝 서 있는 전지하지 않은 나무가 보였다. 한걸음에 달려가서 보니 역시 오래되신 차 몸이시다. 어김없이 마음속 경배를 드리고 살펴보니 밑동은 내 장딴지 정도 굵은데 줄기는 그리 굵지 않은 것으로 보아 늦게 발견해서 정리하고 보호 중인 것 같았다. 존재감이 대단한 차신이었다. 차신은 수많은 세월을 용강마을 사람들이 벼 심고 보리 심고 고구마 캐고 감자 캐는 모습을 지켜봐 왔을 것 아닌가? 다시 한번 확인한 것이지만 화개는 토종 야생차가 천지에 있었을 것이라는 확신이 든다.

용갱이꼬랑에서 차신 한그루를 만났으니 다른 차신이 없으라는 법이 없지 싶어서 숨찬 줄도 모르고 헤집고 다녔다. 임도를 내면서 산을 자르다 보니 차나무가 많이 베어지고 뿌리가 드러났다. 근대에 심어진 차나무도 있었지만 오래된 차나무도 있다. 드러난 뿌리는 잘리고 썩고 했지만 짐작건대 족히 200년은 넘었으리라. 오래된 바위에만 끼는 꽃이끼가 자기 집인 것처럼 차나무 가지에 앉아 있기도 하고 깃털이끼가 수염처럼 자라고 있는 나무도 있다. 상상하지 못할 나무도 있다. 차나무, 철쭉, 마삭줄이 한 구멍에서 나와 마치 한 몸처럼 살고 있었다. 굵기는 내 팔뚝보다 굵고 계단식 논의 돌을 받쳐서 버티고 있었다. 흙도 모자라고 공간도 모자랐을 곳에서 얼마나 많은 시간을 살아왔을까?

분서갱유처럼 조선 중기에 차나무를 모두 불 질러 없앴어도 일제 강점기를 지나고 6.25 전쟁을 겪고 살아남은 것이 대단하다. 어딘가에서 은거하며 살고 있을 다른 차신을 마중할 채비를 해야겠다.

이 차신을 보면 과거에도 논에 심어진 차나무가 있었다는 것을 알 수 있다.

관리가 잘 되고 있는 차신

밑동 부분에 비해 줄기가 약한 것을 보아
자주 전지가 된 듯하다.

측면에서 보면 줄기가 고사되고 있는데 고목이라는 것이 실감이 난다.

봄이 와도 고목은 묵은 꽃과 열매를 매달고 있다.

도로가 나면서 절개된 언덕에서 뿌리를 드러내고 있는데
이런 고목들이 주변에 많이 존재하고 있어 안타깝다.

논과 논 사이의 언덕에 자라고 있다.

뒷면

밑동의 이끼가 성성하다.

주변 차밭에서 찻잎을 따고 가는 동네주민

측면의 상층

큰 고목은 아니지만 절개지에서 넘어져 자라는데 흙이 마사토이다.

한 구멍에서 연산홍, 마삭줄, 담쟁이, 칡 등이 함께 엉켜서 살고 있는 특이한 경우

차나무는 어렵게 찻잎과 열매를 잉태하고 있다.

작은 거인

잎의 종류 : 소엽종 – 청차, 덖음차

잎의 형태 : 어긋나기

나무의 수형 : 정원수형

나무의 특징 : 밑둥에서부터 여러 줄기가 생성되어 다방향으로 자람.

현재 : 관리

　와! 작다. 우리들의 첫마디였다. 십여 줄기의 굵고 긴 차나무 줄기 끝에 달린 잎들이 모두 작다. 묵은 잎도 작고 잎을 키우는 잔가지도 바늘만큼이나 가늘다. 작년에 피었던 마른 차꽃도 콩알보다 작고 어쩌다 남은 차씨 껍질도 눈에 띄지 않을 만큼 작다. 어쩜 이렇게 작을 수가 있을까? 손에 잡히지 않을 만큼 작은 차꽃과 차씨를 상상해 보자. 전형적인 소엽종이다. 차나무 소유 주인이 참 잘 가꾸어 예쁘기도 하다. 주변의 차가지를 꺾어 비교해 보아도 묵은 잎은 1/3 크기 정도 되고 새잎은 1/5 수준이다. 2021년 4월 29일 화개골 찻잎을 비교해 봤을 때 평균 중작 크기임을 참작해도 아직 우전차 수준을 벗어나지 못했다. 지난겨울은 초겨울에만 매섭게 춥고 1월 중순은 추위가 피해서 가고 2, 3월에 잦은 비로 차 작업이 20여 일 빨라졌는데 이 차나무의 잎은 아직 손에 잡히지도 않고 눈에 제대로 띄지 않을 만큼 햇순이 어리다.

놀랍게도 큰 줄기 중간에 혼자 덩그러니 햇가지를 올린 한 줄기가 2년은 넘은 듯한데 세작 정도의 크기로 자랐다. 2년이 되었는지 3년이 되었는지 감히 구분 지을 능력도 못 되지만 세작 세 잎 정도의 줄기에 마른 차씨 껍질이 떡하니 매달려 있는 걸 보면 최소 2년은 넘었다는 걸 알 수 있다. 1, 2년 된 햇가지에 꽃이 피고 씨가 여물 확률은 로또 걸릴 확률보다 적다는 것을 화개골 다농들은 더 잘 알 것이다. 차꽃이 피고 280일이 지나야 차씨가 여무는 것이니 꽃은 재작년 가을에 피었을 것이고 씨는 작년 봄 여름 내내 여물었을 테다. 또 본능의 감사함이 심장에 넘쳤다.

도로변에서 가깝고 주변의 돌숲은 대형 야생차밭이 형성되어 있고 밤나무도 제법 많다. 그런데도 혼자 덩그러니 그러나 자태는 수려하게 존재하는 소엽종 차나무가 저만큼 자라기까지 얼마나 많은 시간 동안 화개의 역사를 바라보고 있었을까? 쌍계사까지 10리 길에 벚꽃을 심을 때도 동학혁명이 일었을 때도 역마 소설을 집필한 김동리 작가의 산책 모습도 화개 장날 장을 봐서 봇짐을 지고 장터목과 벽소령으로 향하는 장꾼들도 봤을 것이다. 오래된 차나무를 무수히 찾으러 다니었지만, 이곳의 차나무만큼 좋은 입지의 차나무는 없었다. 계곡 가장자리, 바위틈, 경사진 언덕, 민가와 떨어진 숲속 등등 최악의 자리에만 고목이 있었는데 이곳의 고차수는 도로변 평평한 지대에 운 좋게 자리 잡고 있었다. 그런 자리라면 불쏘시개로 베어질 법했을 것인데 용케 버텼다. 그러나 쉽게만 자랐겠는가?

세월의 비바람을 뚫고 당당히 서 있는 당신이 진짜 거인이다.

전체 모습

상층과 하층의 줄기 두께가 비슷한 것이 특징이다.

윗 마을에는 중작을 수확 중이나 이 나무는 새순이 늦게 피고 있다.

여러 줄기가 사방으로 간격이 일정하게 뻗어 있다.

엄지 손톱과 비교해 보아도 소엽종이라는 것을 확인할 수 있다.

겨울 모습

겨울의 상층 모습

겨울의 밑동 모습

1-10

가부좌

잎의 종류 : 중엽종 - 덖음차, 백차

잎의 형태 : 어긋나기

나무의 수형 : 밑동이 따리를 틀어 튼실하고 키 2.5m 정도 되며 버드나무형.

나무의 특징 : 뿌리가 드러나 표피가 있으며 하층의 줄기가 고사되기도 했으나 관리를 하고 있음.

현재 : 관리

눈에 보이는 모든 것이 차나무로 보이고, 귀에 들리는 새소리마저 차나무를 찾았다고 하는 고함으로 들려 집중하면서 차신을 찾아다녔다. 둘이서 따로 탐사하다가 저 멀리서 들릴 듯 말 듯 "찾았다"라는 소리가 들리면 먹잇감 찾는 토끼처럼 앞발 뒷발 구분 없이 뛰어가 확인하는 모습은 심마니가 삼을 보는 것과 다를 바 없다. 예약도 없고 정처도 없는 탐사라 지치거나 싫증이 날 때도 있고 의지와는 다르게 몸이 따라 주지 않는 날도 많아 차신 찾는 일을 포기할 수도 있었기에 내일 죽을 중증 환자처럼 자기 세뇌를 하면서 산을 다녔다. 좋은 길도 있었고 험한 길도 있었다. 다만 길을 들어서기 전에는 한숨부터 나오는 곳은 이미 가을이나 겨울에 고생했던 기억 때문이다. 가지 않은 곳은 있어도 한 번만 다녀온 곳은 없었다. 차신을 발견한 지역은 적어도 세 번은 다녀왔다. 험한 지역은 겪어야 할 일들을 미리 경험한 곳이라 옷

매무새부터 달라야 했다. 모자를 쓰지 않으면 나뭇가지들이 얼굴이나 머릿속을 찔러 상처가 나기 일쑤고 한 발만 디뎌도 나뭇가지들이 모자를 낚아채 수십 번은 벗겨진 모자를 주워서 다시 쓰기를 반복해야만 했다. 컨디션에 따라 골이 깊은 곳은 피하고 싶은 상황도 있다. 늘 온몸이 쑤시고 상처투성이라 몸이 무거울 때는 큰 도로 주변을 서성거렸다. 큰 도로 주변을 탐색하는 일도 쉬운 것은 아니지만 적어도 나무들에게 온몸을 훼방 당하지 않으니 심신의 부담이 적다.

초가을 어느 날 조바심 없이 느리게 걷는 탐사라 마을 안쪽을 기웃거리는데 온몸에 전율이 이는 한 차신을 발견했다. 농막 뒤켠에서 한때는 못 먹고 병든 늙은 사람의 뒷모습 같은 자세로 가부좌를 틀고 앉아 있는 차신! 몸의 절반은 썩어서 내려앉아 있고 남은 몇 개의 가지도 그리 성하게 보이지 않았다. 하지만 밑동을 들여다보니 위엄과 내공이 바로 전해져 왔다. 이럴 때마다 마음이 무거워진다. 그렇게 겨울에도 찾아가고 매화가 필 무렵에도 찾아갔는데 마음속의 느낌표는 매번 같았다. 우리 선조들은 구휼제도를 만들어 재난을 당한 사람이나 빈민에게 물품을 주어 구제했던 좋은 선례가 있는데 돈이나 봉사로 그 차신을 구제할 수 있다면 구휼을 해 주고 싶은 애틋한 고목이었다. 차신의 키도 몸매도 상당한 연륜이 있어 보이는데 못된 며느리에게 구박 맞아 토라져 앉아 있는 뒷방 늙은이 신세처럼 보였다.

5월이 되고 오동꽃이 질 무렵 궁금하여 찾아가니 놀라움과 고마움이 엉켜 그 자리에 서서 어머나! 어머나! 소리만 연거푸 쏟아 냈다. 다농의 마음이 우리 마음인 듯 상한 줄기, 고사한 파편이 있는 줄기는 보이지 않고 차나무 전체가 깨끗이 정리되어 있었다. 환자가 재활을 끝낸 기념일 같았다. 곁에는 제법 큰 오동나무가 있는데 바람에 오동꽃 한 송이가 날아와 조용히 정좌해 있는 차신의 대퇴부 부근에 내려앉았다. 그러다 또 바람이 불면 땅으로 떨어지고 다른 꽃이 날아와 조용한 차신의 무르팍쯤에 애교스럽게 내려앉았다. 한동안 무념 상태에서 같이 참선에 들었다.

정말 오래된 차나무 관리의 좋은 예이다. 관리와 보존의 중요성을 보여 준 다농께 이 자리를 빌려 큰절을 올린다. 누군가를 사랑하면 시간과 돈을 쓰게 마련이다. 계속 아끼고 사랑하며 시간과 비용을 투자하여 후대에 더 큰 차신으로 남아 있길 기도해 본다.

밑둥둘레가 80cm가 넘는 차신

고사된 줄기는 자르고 정리되었다.

측면에서 보면 엉덩이를 뒤로 하고 돌아앉은 것 같다.

측면의 밑동 모습이 기하학적이다.

뿌리에서 곁순이 나오고 있다.

뒷면에서 보면 줄기들이 꼬여 있다.

차신의 굵기를 비교하기 쉽게 주먹을 대어 봤다.

1-11

삼신할매 터

잎의 종류 : 재래 중엽종 - 덖음차, 홍차, 청차

잎의 형태 : 어긋나기, 톱니가 선명하고 개수가 많음. 잎은 대엽종에 가깝게 큼.

나무의 수형 : 3시 15분 방향으로 엎드려 자람, 정원수 형

나무의 특징 : 칡넝쿨과 마삭줄과 함께 뒤엉켜서 두 개의 큰 바위 속에 뿌리를 둠.

현재 : 방목

　우리나라 차나무의 유래는 제각각이다. 중국 유래설도 있고 인도 유래설도 있고 우리나라 자생설도 있다. 나는 자생설을 믿는 견해다. 삼국사기에는 이미 선덕왕 때 차를 마시는 풍습이 있었고 신라 흥덕왕 때 대렴이 차씨와 차를 가져와 지리산에 심으면서 차 문화가 성행했다고 기록되어 있다. 차의 고향은 인도 아삼지역에서 미얀마, 중국 윈난으로 주로 산악지대를 중심으로 전해 내려왔다 한다. 차를 처음 마신 사람은 중국 고대사의 신농씨라고 하는데 72가지의 독에 중독되어 차를 마시고 모두 해독되었다는 믿을까 말까 한 전설이 재밌다.

　아이러니한 것은 쌍계사는 (그 당시에는 옥천사) 대렴공의 사후 150년 뒤에 창건되었다는 것이다. 쌍계사 부근은 꼭 대렴공이 아니더라도 옥천사 창건자인 진감국

사가 심었다고도 하고 고운 최치원 선생이 심었다고도 하니 화개가 본디 차의 고향임은 맞는 모양이다. 한국 차시배지로 설왕설래에 관해서는, 현재 이곳 화개문화연구원을 설립하신 분의 한국 차시배지에 관한 과학적이고 객관적인 고증자료들을 많이 가지고 계셔서 한국 차시배지에 관한 내용은 차후에 들을 기회가 있을 것이다. 흥덕왕 이후 1000년이 지난 시점인 고종임금(1885년) 때 차의 부흥 운동이 있었다. 지금으로 치면 외무부와 상공부 역할을 하는 통리교섭통상사에서 청나라 구강도에 6천 그루의 차나무 모종을 수입할 수 있도록 적극적으로 요청을 하였고 1905년에는 농상공부에서 각 도에 청명 전후에는 차나무를 심도록 식목조례(植木條例)까지 만들어 전달하였다. 아마 이 시기는 일본에서 수입한 차나무들로 남부 지역은 해남, 울산, 제주까지 전국에 차나무가 심어졌다 한다. 아쉬운 것은 그때의 흔적들이 많이 남아 있지 않고 연구도 시원찮다는 것이다.

탐사하다 보면 애매한 차나무들이 제법 많다. 아마 130여 년 전 심어진 나무들이 아닌지 추측만 할 뿐이다. 차나무의 수령을 따지는 일은 무의미하다는 것을 날마다 느낀다. 어떤 장소에서 어떻게 자랐는지 가늠만 해 봐도 가슴 시린 고마움을 느낄 때가 여러 번이다. 새 차신을 발견할 때마다 심장에는 감정선이 또렷이 생겨난다. 국사암 아래 두 그루의 차나무를 만나고 한동안 말을 잇지 못했다. 사진 찍는 것도 잊고 바위에 기대어 한동안 두 그루의 차나무를 올려다봤다. 가을과 겨울과 봄과 초여름에도 그 감정의 설움 같은 격한 선은 없어지지 않았다. 국사암 산신각의 삼신할매가 점찍어 보내 준 자식은 아닐까? 만약 저 차나무가 흙도 좋고 입지 좋은 땅에 종자가 떨어졌다면 아직도 명을 다하고 있겠냐며 대상도 없는데 혼자 물어본다.

바위를 가운데 두고 두 그루의 차신이 각각 서 있다.

절개된 바위 위에서 자라고 있다.

안정적으로 많은 줄기가 생성되어 있다.

수형이 아름다워 보이나 마삭줄, 칡넝쿨과 상생 중이다.

내부 탐사 중. 밑동에 흙이 많이 붕괴되고 있다.

굵은 마삭줄 줄기가 차신을 휘감고 있다.

마삭줄과 한 구멍에서 자라고 있다.

달빛과 햇빛의 경계선

잎의 종류 : 중엽종 - 덖음차, 홍차, 백차

잎의 형태 : 어긋나기, 길쭉함, 잎맥 뚜렷.

나무의 수형 : 큰 바위 아래 나무는 바위에 살짝 기대어 11시 방향으로 자람. 3.5m쯤

나무의 특징 : 반석 위 바위에 둘러싸인 대여섯 그루는 고사하고 있음.

현재 : 방목

 이곳 차밭 주인들은 차에 대한 열정이 누구보다 앞선 집이다. 만여 평의 차밭은 파종한 것이 아니라 대나무와 잡나무를 쳐내고 절로 차나무가 자란 전형적인 야생 차밭이다. 관리되던 차밭인데 일제 강점기 즈음부터 묵혀진 차밭이 아닌가 싶고 근대에 후손들이 제다를 하면서 조금씩 늘린 곳이다. 지금도 숲의 잡나무를 벌목하면 우후죽순 차나무들이 자란다. 일손이 달리고 차를 딸 인력이 부족해서 더는 차밭을 늘리지 않고 있다. 이 차밭 주인 부부는 최고의 다농이다. 나와 뜻이 비슷해서 유기농 비료도 주지 않는 말 그대로 방목형 야생차밭이다. 차를 잘 법제하는 것도 있겠지만 원료가 좋으니 차 맛 또한 간결하고 또렷하다. 20여 년 전에 한 번 얼핏 보고 난 후 여태 기억이 사라졌다가 차신을 찾기 시작하면서 주인 부부의 안내로 차신을 찾았다. 신앙을 가진 사람들은 경배라는 어감을 잘 알 것이다. 차신을 만나면 저절

로 경배하게 된다. 표현이 안 되니 마음으로만.

 이 차신들의 특징은 큰 바위를 집으로 삼아 가족처럼 일곱 그루가 한곳에 모여 있는데 사람이 들어가기 힘든 몇 그루는 관리할 수 없어 노화되고 줄기는 썩어서 밑동에 그대로 널브러져 있는 형국이다. 그러나 한 그루는 완벽하게 매끈한 자태로 3m 넘는 키를 자랑하고 있다. 햇빛을 보기 위해 바위를 등에 지고 옆으로 드러눕듯이 쑥 자란 몸매는 첫사랑을 보는 느낌이다. 잔가지도 별로 없고 밑동에 표피가 없는 걸로 보아 처음부터 외줄기로 생성된 것 같다. 두어 평 남짓 되는 곳에서 밀집된 곳에서 두 그루 정도만 좀 낫고 나머지 몇 그루는 고사하고 있다. 음과 양이 존재하는 바위 병풍 속에 차신들의 건강도 제각각이다. 행정에서는 그리 크지 않다는 명목과 관리가 어렵다는 이유로 이 정도의 나무를 그대로 두는 것은 도의적인 방치가 아닌가 생각도 해 본다.

 화개의 차는 2018년 세계중요농업유산으로 등재가 되었다. 매우 뜻깊고 보람 있는 일이며 당연한 결과물이다. 그러나 경관 좋고 품질 좋은 것만 강조될 뿐 농업 유산으로서의 가치는 홍보도 발굴도 되지 않고 있다. 혹여 우리가 모르고 있는 사료들도 있겠지만 주민들은 기대만 걸고 있는 처지다. 농업 유산이라면 제일 먼저 차나무의 기본 형태를 찾는 일 아닐까? 힘겹게 차신을 찾는 행위가 고장난명(孤掌難鳴)이 아니길 바란다. 한 손만으로는 손뼉을 칠 수 없다. 왼손 오른손 합쳐 소리가 나도록 손뼉을 쳐서 차 문화를 지키고 부흥시키는 일에 함께하기를 피력한다. 세계중요농업유산답게 차신의 존재는 곧 우리 문화와 역사의 가치를 높이는 일이 아닐까? 후대는 하동 화개의 차가 굳이 중국에서 건너오지 않았다는 것을 고증할지도 모른다. 내

꿈은 그렇게 원대하다.

비 온 뒤에 우산을 펴는 어리석음을 피하고 싶다. 준비만이 답이다.

무더기로 있는 큰 바위 가운데 차신들이 옹기종기 산다.

두 그룹으로 나뉘어서 차신들이 있다.

바위틈에서 자라고 있는 외줄기 차신

고사되고 있는 차신그룹은 바위 위에 뿌리를
두고 있어 고사되기도 하고 촬영이 어렵다. 겨울.

봄을 맞이한 차신들이 반갑다.

전체적으로 외줄기가 매끈하다.

상층 부분

바위를 기묘하게 에워싸고 있다.

밑동의 작은 줄기들이 많이 생성되었다.

밑에서 위로 촬영

바위틈과 바위 위에서 일곱 그루가 자라고 있는데 모두 고사 중이다.

그나마 햇볕을 볼 수 있는 첫 나무는
생생한 편이다.

차신이 생동감을 잃어
건강한 줄기가 아님을 알아볼 수 있다.

사람이 들어갈 수 없을 정도로 나무들이 빽빽하게 있다.

일곱 그루가 있는 곳의 입구 모습

존재하니 귀하다

잎의 종류 : 중엽종 - 청차, 홍차

잎의 형태 : 1나무; 어긋나기이나 잎이 밀집해서 남, 길쭉한 편, 잎의 가장자리 톱니가 미세함, 털이 많음.

나무의 수형 : 1나무; 상층부위의 작은 가지들이 우산 형태로 뻗쳐서 정원수 같음.

나무의 특징 : 1나무; 모나무를 작은 나무들이 감싸 안고 있음, 외줄기에 표피가 있는 것으로 보아 주 줄기 하층은 뿌리였을 가능성 큼.

현재 : 관리

아무리 쉬운 일이라도 행동하지 않으면 이루지 못하는 것이 이치이다. 걷다 보면 보인다는 믿음으로 산길을 두세 시간 오르내려도 차신을 만나지 못할 때는 맥도 풀리고 그럴 때마다 허기는 왜 그리 지는지 모르겠다. 새벽 탐사를 가는 날은 9시가 넘어서면 배가 고파오고 오후 식당 브레이크타임에 가면 두어 시간 전에 먹은 점심이 소화되어 허기가 조여 온다. 탐사 출발 전에 한 시간만 후딱 다녀오자고 집을 나서지만, 막상 산속이나 계곡 속을 다니다 보면 옳은 길이 없어서 이리 헤매고 저리 돌아가느라 시간을 놓치기 일쑤다. 그렇다 해도 차신 한 그루 만나면 배도 안 고프고 다리도 안 아프고 긁힌 상처도 시리지 않다.

처음 고목을 찾기 시작했을 때 큰 기대를 하지 않았다. 과연 차나무 둘레 몇 센티

미터 이상 차신의 기준으로 삼느냐는 고민만 조금 했었다. 그래서 50여 년 전 부모님께서 국사암, 쌍계사 주변 차씨를 따서 직접 파종을 한 우리 차밭에 굴착기를 들여와서 차나무를 파내게 되었고 그 나무를 표본으로 1년에 2~3mm 자란다는 정의 하에 50년, 100년쯤 수령이라는 것을 나름 기준으로 삼았다. 1997년 무렵부터 부모님의 차밭을 내가 관리하게 되었고 유기농비료조차 준 적이 없어 속성 성장할 기회 없이 더디게 자란 나무들이다. 2010년 12월부터 세 번의 겨울 동안 혹독한 추위가 우리나라를 덮쳤고 차밭은 동해를 입어 전멸이었다. 그러나 우리 차밭은 동해를 전혀 입지 않아 소문을 들은 다농들이 차밭 구경을 올 정도였으니 '차나무는 아무것도 주지 마라, 저절로 자라는 것이 가장 강한 차다'라는 주장을 강력히 피력하는 바다. 이 모든 것은 전혀 과학적이지 않지만 차 농사를 지으면서 터득한 고집이다. 탐사를 다니다 보면 물도 없고 흙도 없고 사람 손길도 없는 곳에서 수백 년을 살아 온 차신들이 그 증거이다. 얼마나 올곧게 자랐는지.

연구기록을 보면 차나무 전체의 평균수명이 200년을 넘지 못한다고 하고 오래된 차나무들의 뿌리를 정밀검사를 해 보면 속이 텅 비어 고증조차 불가능하다는데 그건 착오지 싶다. 발견된 차신 중에 제대로 서 있는 나무가 그리 없다. 대부분 땅으로 드러눕고 옆으로 비켜나고 해를 잡으려 바위 구멍을 비집고 올라오느라 휘어진 나무들이 많다. 그러다 보니 자연스럽게 뿌리에 관심을 가지게 되는데 뿌리가 비었다는 느낌은 한 번도 없었다.

황장산으로 가는 길 계곡 주변에 제법 큰 차신들이 있다. 덤불과 큰 바위와 물길에서 버틴 차신, 돌담 속에 뿌리를 내려 햇빛을 주워 모으려 용을 쓰다 보니 기우뚱

한 나무도 있다. 차밭 전체를 고사리밭으로 개간하면서도 딱 한 그루 남겨 놓아 다농의 애정을 느끼게 하는 나무도 있다. 올 9월쯤 한 번 더 탐사하고 싶다. 어떤 재밌는 상상이 있을 것 같은 예감을 뒤로하고 봄날 탐사를 멈춘 이유는 2.5m쯤 되는 바위에서 떨어져 낙상하였다. 바위에서 미끄러져 몸이 공중으로 튀었고 공중에 머무는 찰나에도 머릿속에는 크게 다치겠다는 걱정이 들었다. 다행히 내 몸이 떨어진 자리에는 어린 차나무가 바윗돌을 감싸고 있었고 어깨가 먼저 땅에 부딪히고 몸이 앞으로 튕기면서 이마가 제법 큰 돌부리에 2차 충격을 받았다. 크게 다치지는 않았지만, 어깨는 아직도 치료 중이고 이마는 여전히 부어서 세수할 때는 매우 아프다. 왼쪽 어깨는 겨울에 칡넝쿨과 대나무를 잡고 다니다가 이미 인대에 큰 부상을 한 번 입었고 낙상으로 2차 상처를 입어 이래저래 부실해졌다.

차신이나 혹은 고차수라고 이름을 붙일 만한 나무의 기준이 없어서 고민을 사서했다. 처음엔 둘레 15cm 이상이면 고차수의 영역에 들지 않을까 해서 기준을 잡았는데 탐사를 하다 보니 그 정도는 이곳에서 흔히 쓰는 말로 "천지뻐까리"(부지기수)다. 그렇게 둘레 20cm, 30cm로 차츰 수치를 올려 차신으로 포함, 미포함의 기준을 정했는데 탐사 횟수가 늘어날수록 수치는 정말 무의미했다. 환경에 따라 관리에 따라 같은 굵기와 높이라도 수령이 크게 다르다는 걸 알게 되니 줄자를 들고 다니면서 높이를 재고 밑동 둘레를 재고 줄기의 굵기를 재느라 요란을 떨었던 행위 중 부끄러움만이 우리 몫이 되었다.

본 대로 느낀 대로 얽매인 삶 풀어 놓고 야생을 즐기며 살아 있는 차신, 당신은 무조건 최고입니다.

멀리서 본 차선의 모습이 마치 정원수 같다.

상층에서 주줄기가 여러 가지를 생성했다.

솜털이 유난히 많은 찻잎

굵은 줄기가 휘어졌는데 껴안고 있는 듯하다.

상층의 내부 모습

상층 모습. 표피, 줄기의 생김새가 배롱나무와 흡사하다.

차신 찾으러 가는 겨울풍경

봄 풍경

일자 나무로 보이지만 'ㄴ' 자로 자란 상층 부분

중층부터 휘어져서 일자로 자란다.

바위 안 깊숙한 곳에서 자라는 키가 큰 차신.

밑동은 바위에 가려져 있다.

덤불 속에 있는 차신. 저 속에 들짐승들이 다니는 길이 있다.

큰 바위와 홍수가 지면 물이 지나가는 물길에서
자라고 있다.

비가 오면 계곡물이 지나가는 곳이라
뿌리가 드러나 있다.

뿌리와 줄기의 경계가 분명하다.

시공간의 집합체

잎의 종류 : 중엽종 – 덖음차, 황차, 청차

잎의 형태 : 어긋나기

나무의 수형 : 정원수처럼 잘 가꿔져 있어 수려함, 외줄기 또는 여러 줄기의 수형이 물결처럼 생김.

나무의 특징 : 차밭 전체가 햇빛이 풍부하며 관리가 잘 되어 튼실함.

현재 : 관리

　역시 수령 천 년 차나무를 소유했던 차밭은 위용과 위엄을 갖춘 당당함이 있었다. 드나들기 힘든 대갓집 솟을대문을 지나면 눈이 동그래질 만큼 잘 가꿔진 정원을 보는 기분이다. 군데군데 큰 차신들이 섬진강을 향해 서 있고 주위는 정돈된 차나무들이 화동이나 군무를 출 듯이 잘 정렬해 있다. 누가 이 차밭을 흉내 낼 수 있을까? 나무가 성장할 시간도 짧지 않았을 것이며 굴곡진 날씨를 받아들인 인고의 간격도 클 것이다. 몇 대가 차 농사를 짓고 차 가공을 하는 것이 쉬운 일은 아니다. 단순히 돈벌이만을 위해 차 농사를 지은 것이 아니라 범상한 차나무를 찾아내고 가꾸고 정성을 들여 키우고 종자를 심어 차밭을 넓혀 나간 능력은 지혜와 노력의 산물이다. 그러면서도 대중 차는 차대로 생산하면서 온 가족이 차 농사에 전념하고 있다.

한 번 언급했지만 도심다원 대표님의 외삼촌 한 분은 우리 가족이 가장 존경하는 다농이셨다. 그분은 나의 부친과 친형제 이상으로 각별한 사이였고 언제나 머리부터 발끝까지 자신을 잘 관리하여 온몸이 한 줌 흐트러짐 없이 단정히 다니셨던 우리들의 '아재'였다. 아주 어릴 적부터 부모님께 땅을 사서 차나무 심기를 권하셨고 그분은 용강리 마을 뒷산 드넓은 곳에 긴 시간 동안 손수 차밭을 일궈 나갔었다. 이곳 일가의 차 농사에 대한 공헌은 존경받을 만한 가문이라고 생각한다. 친가, 외가가 모두 차 가문이라는 명예를 드려도 충분하다는 사견이다.

종달새와 고양이의 일화가 생각난다. "종달새 한 마리가 고양이가 끌고 가는 작은 수레를 발견했다. 그 수레에는 이렇게 적혀 있었다. '신선하고 맛있는 벌레 팝니다' 종달새는 배가 고프던 차에 고양이에게 "벌레 한 마리에 얼마에요?"라고 물었다. 고양이는 종달새 깃털 하나를 뽑아 주면 맛있는 벌레 세 마리를 준다고 말했다. 종달새가 생각해 보니 몸통의 깃털은 얼마든지 있고 날지 않아도 편하게 배를 불릴 수 있다 싶어 얼른 깃털을 하나 뽑아 주고 벌레 세 마리를 받아먹었다. 종달새는 깃털 하나 뽑았다고 해서 날아다니는 데는 지장이 없었다. 한참을 날다 또 벌레가 생각났다. 돌아다니며 벌레를 잡을 필요도 없고 깃털 몇 개면 맛있는 벌레를 배부르게 먹을 수 있으니 편하고 좋았다. 다음엔 깃털 두 개를 뽑아 주고 벌레 여섯 마리를 받아먹었다. 이런 일이 반복되었고 깃털은 몇 개 남지 않았고 이제는 하늘을 나는 것조차 힘들어 쉬고 있었다. 그런데 고양이가 갑자기 덮쳤다. 원래 같으면 도망치는 일이 쉬웠지만 듬성듬성한 날개로는 빨리 움직일 수 없었다. 후회해도 때는 늦었다. 종달새는 눈앞의 벌레 몇 마리와 목숨을 바꾸었다."

만약 이곳의 차나무도 눈앞의 돈벌이에만 급급하여 몸살이 날 정도로 고목들을 다 잘라 버리고 시절 좋을 때 1년에 몇 번씩 차를 생산해 내고 했다면 지금처럼 훌륭한 유산이 남겨지지 않았을 것이다. 아끼고 관리하여 금싸라기보다 소중한 차나무들이 차신으로 받들어지며 마을의 자랑이자 화개의 유산, 국가의 유산이 되었으니 얼마나 고마운 다농 일가인가! 차 농사도 종달새 같은 생각에 빠지면 안 될 것 같아 교훈 삼아 적어 보았다. 현대의 다농들은 시간과 공간을 초월하여 금지옥엽의 마음으로 백 년 차향을 만들 준비를 하는 것이 유산을 남겨준 선대에 감사를 전하는 마음이겠다.

아름다움이 마치 정원수 같은 수형이다.

줄기가 상당히 많으면서 사방으로 골고루 뻗어 있다.

군계일학처럼 뛰어나 보이는 차신

두 줄기가 쌍둥이처럼 곧고 튼실하다.

경사진 언덕에 있지만 건강한 모습이다.

왼쪽 상층

겨울임에도 절개가 있어 보이며 추위를 모르는 것 같다.

풍성한 형태의 차신

역사성이 있는 정금리 차나무 팻말

차 탐방을 끝내고 한 컷

꿈의 차논

잎의 종류 : 중엽종 – 덖음차, 백차

잎의 형태 : 어긋나기, 잎은 매우 길쭉하며 톱니는 듬성듬성한데 뚜렷하다.

나무의 수형 : 정원수 형, 밑동에 많은 줄기 생성, 살짝 보이는 뿌리는 매우 굵다.

나무의 특징 : 상층만 보면 수령이 약해 보이나 밑동은 상당히 굵음, 논에서 자람.

현재 : 관리

목압마을 앞뜰은 감당이뜰이라고 부른다. 화전민으로 먹고살던 화개민들에게 화개장터에서부터 의신마을까지 제법 너른 논배미가 몇 군데 있는데 그중 한 곳이 감당이뜰이다. 논농사만 지을 때 이곳의 모내기만 스무날이 넘게 할 정도였다. 지금이야 쌍계사에서 울력하는 고추밭, 콩밭 빼고는 차나무가 심겨 있지만, 감당이뜰에 논을 가진 사람들은 벼 수확도 많고 품질이 좋아서 화개 사람들이 부러워했다. 감당이뜰에 있는 우리 밤밭에 차나무가 심어지고 차를 수확할 때도 이곳은 볍씨를 뿌려 모내기했고 수로에는 논물이 넘쳐났던 곳이다. 차츰 중소 크기의 제다공장이 생기고 도시인들 위주로 차문화교육과 다도 교육이 일조하면서 화개의 차는 품귀현상이 일었고 볏논에 차나무가 심어지고 어느샌가 화개에는 손바닥에 흙만 얹어도 차나무가 자라고 있다는 말이 들렸다.

지금은 끝없이 잘 가꿔진 차밭도 볼거리지만 돌을 쌓아 만든 계단식 차밭인 이곳을 거닐면 옛 정취가 느껴져 11월의 가을 홍시가 생각날지도 모른다. 시골 정서를 가졌다면 용 꼬리보다 긴 논두렁을 걸으며 사색과 명상에 드는 것을 누구에게도 책임 전가 마시라. 늦가을 계단식 돌담 위 논두렁이 정겨워서 어슬렁거리다 논 가장자리에서 만난 한 그루의 차신. 아는 만큼 보인다고 하지만 관심이 있으니 보였다. 밑동에서 여러 줄기가 서로 세상의 빛을 보겠다고 아우성을 쳤는지 비비 꼬인 줄기, 매끈하게 뻗은 줄기 등 제각각으로 생겼다. 오랜 땅 지기는 아닌 듯하고 논에 차나무라니…. 아마 19세기 말 차나무 심기 장려운동 즈음 심어진 나무가 아닌가 싶기도 하고 매봉재에서 비나 바람에 차씨가 떠내려와 자생한 것이 아닌가 싶기도 하다. 어찌 되었든 한 그루의 차나무가 거짓말 좀 보태면 괭이나 삽도 커서 안 들어갈 앙증스러운 작은 농막 옆에 서 있다. 농막 지붕에 알록달록 색을 입히고 차나무를 덮어싼 잡초 제거를 해서 차밭과 함께 포토존을 만든다면 제법 그림이 나올 것 같다. 뭐든 심리적 교감을 할 수 있으면 더 빛나는 것이니까.

　우리는 오래전부터 '차나무 토털솔루션'을 꿈꿨다. 꿈만 꾸면 무슨 소용인가? 꾸준히 일하고 쉬지 않고 연구했다. 6대 다류 중 5대 다류 백, 황, 홍, 녹, 청차를 가공하고 차꽃, 차씨, 찻잎으로 발효액과 식초를 기본 생산하며 차꽃으로 와인을 생산하고 차꽃 화밀을 추출하여 판매하고 있다. 차씨는 커피대용으로 마실 차콩차와 오리지널 엑스트라와 버진 방식으로 생 기름도 생산하고 있다. 차씨를 이용한 국가R&D사업을 수행하여 성공하였고 국제 SCI 논문에도 우리가 만든 차씨 오일의 효능이 등재되었다. 차씨와 차꽃, 차 음식에 관한 연구를 하되 해마다 11월 둘째 주에는 하동녹차연구소 등에서 심포지엄을 하고 있다. 우리가 생산하는 제품들 대부분 특허와 상표 등록하는 것으로 마무리하는 일은 쉬지 않고 머물지 않겠다는 나의 의지이다. 그렇게 하고 싶던 차 음식점도 하고 있다. 가난하고 이름 없는 소농의 딸로 친정엄마에게 덖음차를 전수받았고 할머니에게 전통 잭살 홍차와 백차마름을 배웠다. 조상대부터 수백 년간 화개의 토박이로 살면서 아무도 가지 않았던 길을 걸어왔다. 걷다 보면 동행하는 이가 생기고 좋은 길도 만들어지는 법이다. 지금은 흔적 따라 여정을 함께 하는 벗들이 늘어나 동행하는 전국의 다농들이 제법 있다.

　우리는 큰 꿈이 있다. 힘에 부쳐서 더는 차를 가공하거나 차 음식점을 하지 못하게 된다면 찻잎과 차씨, 차꽃으로 천연퇴비 만드는 일을 하려고 한다. 2006년경 개발을 해 두었는데 일찍이 시작하기에는 화개의 부동산 가격이 만만찮고 아직은 식당 일이 재밌다. 천연퇴비의 최초 실험 모델은 돌산 갓이었는데 갓 잎 하나의 길이와 폭이 1m에 육박하고 한 포기 둘레는 2m가 넘었다. 벌레도 일절 먹지 않고 고속 성장을 하면서도 부드럽고 맛이 좋았다. 유기농 채소라고 벌레가 먹어야 하는 법은 없다. 벌레에 강하고 성장이 빠르면서 맛도 좋은 고품질의 채소가 되었다. 거짓말이라고 할지 모르나 사실이다. 그래서 오래된 사진 몇 장을 첨부해 본다. 아마도 찻잎의 비타민, 단백질 성분과 차꽃의 사포닌 성분, 차씨의 칼슘 성분 등 주요 성분이 발효되고 융화되면서 효능 좋은 천연퇴비가 된 것 같다. 차나무는 버릴 것이 없다. 뿌리, 잎, 줄기, 꽃, 씨앗 식용이든 퇴비용이든 장식용이든 유용하다. 자기 자리가 아닌 듯한 곳에서 혼자 세상을 내려다보듯이 서 있는 차나무가 귀하고 외롭게 보이는 이유도 쓰임이 유용하다는 것을 알기 때문이다.

　차나무는 뿌리, 잎, 줄기 씨, 꽃 귀하지 않은 것이 없다. 차나무가 존재하는 한 내 꿈도 꿀 수 있기 때문이다.

논에서 자란 차신

밑동에 많은 가지가 오동통하다.

찻잎의 형태가 매우 길쭉하다.

속 모습. 어찌 이리 많은 가지가 생성되었는지 의문이다.

주변 차밭은 산책길로 적합하다.

돌산갓의 크기

천년퇴비를 이용한 돌산갓 재배 성공. 옥수수나무가 바로 뒤에서 자라고 있다.

1-16

꽃호롱불

> 잎의 종류 : 대체로 중엽종이며 소엽종, 대엽종, 변이종 분포 – 덖음차, 청차, 황차, 홍차, 백차
> 잎의 형태 : 모여서 어긋나기, 짧은 계란형, 길쭉한 잎, 잎맥이 뚜렷.
> 나무의 수형 : 1, 2나무; 원줄기를 중심으로 중층의 줄기는 위로 뻗음, 하층 부분 잔가지 별로 없음.
> 나무의 특징 : 산 전체에 다양한 수종 존재, 특히 대엽종이 산재하여 있는데 벌레들이 갉아 먹음, 노란색 잎이 나는 중엽종의 변이종이 있는데 버드나무형으로 자람.
> 현재 : 관리

　이곳은 들은 얘기들이 제법 많아 기대가 큰 곳이라 천천히 탐사를 시작했다. 마을 뒤편으로 가파른 언덕배기에 고사리밭 조성이 잘 되어 있고 임로도 있다. 지리산이 반쯤 핀 연꽃에 해당한다면 꽃술 부분에 해당하는 황장산 정상을 가장 가까이에서 접근할 수 있는 마을이다. 초봄과 늦봄에 몇 번을 찾았다. 경사가 심해 겨울에는 탐사가 어려웠다. 고사리밭을 지나 차신이 있는 차나무를 뒤져야 하는 곳도 있고 묵혀져서 아예 차나무가 보이지 않는 곳도 많았다. 발목을 삐는 일이 잦아지다 보니 겁부터 났다. 대부분 덤불 속으로 몸을 들이밀며 다녀야 했다. 가시덤불 속과 바위 밭에 있는 나무들은 뿌리는 어쩔지언정 줄기나 잎은 형편없이 빈약했다. 행정에서는 이 정도의 나무는 널렸으며 관리는 누가 다 하느냐고 하는 푸념도 틀린 것은 아니다.

원래 때죽나무는 마을 가까이나 가정집 마당 부근에 한두 그루쯤 꼭 있었다. 때죽나무는 밥을 먹기 위해 곡식농사를 지어야 하는 것처럼 일상 속에 필요한 중요 재료였다. 깊은 산속이나 지대가 높거나 민가가 없는 곳, 사람이 잘 다니지 않는 곳에는 때죽나무를 심지 않았다. 때죽나무는 물을 좋아해서 마을 도랑 주변이나 큰 개천 주변에 흔하게 보였다. 때죽나무의 열매로 기름을 짜면 쓰임새가 다양했다. 호롱불의 원료로 사용하기도 했고 여인들 머리에 윤기를 내주는 에센스 기능과 명절에 전을 부쳐 먹는 용도로 사용되기도 했다. 우리 할머니와 엄마도 아침에 일어나면 머리를 감고 때죽나무 기름을 참빗에 발라서 머리칼을 쓸어내리던 모습이 어제 아침처럼 어른거린다. 엄마는 비녀로 쪽졌던 긴 머리를 내가 초등학교 5학년쯤 짧은 파마머리로 바꾸었고 이후에는 때죽나무 기름을 사용하는 모습을 못 봤다. 화전민들이 살았던 곳을 다녀 봐도 개울이 없는 고산 지대에는 때죽나무가 잘 보이지 않는다. 지대가 높은 화전밭에는 아주까리를 대량 재배해서 열매로 기름을 짜 호롱불 원료나 식용으로 사용했었다.

1970, 1980년 이후 태어난 세대들은 무슨 말인지 모를 이야기를 하는 이유는 이 군락지 산등성이에 때죽나무가 많더라는 것이다. 물 자락도 아닌데 능선을 따라 때죽나무가 줄지어 많이 서 있었다. 봄날 해 질 녘에 탐사를 다녀오는데 금방 어두워져 땅만 보며 조심스럽게 걷는데 때죽나무 군락이 길 따라 줄지어 있었다. 나무마다 하얀 꽃들이 장관을 이루었고 꽃이 져서 하얗게 내려앉은 길은 호롱불이 길을 밝혀주는 것처럼 길 안내자가 되어 주었다. 그 감동이 아직도 마음에 차곡차곡 담겨 있다. 내년 봄날 그곳으로 산책을 하려고 마음을 먹었다. 근데 왜 이 산중에 때죽나무가 많을까? 이 마을의 옛 이름들을 대충 풀이해 보면 이해된다. 청석골, 붓당골, 보

리암 등.

　백범 김구 선생이 독립운동을 하다가 투옥되어 있을 때 활빈당의 간부와 같이 복역했다고 한다. 활빈당 간부는 도적들이 수백 년간 이어온 비밀결사의 요령을 상세히 말해 주었고 김구 선생은 독립하겠다는 국민들의 단결이 도적보다 못한 것에 부끄럽고 통탄을 금치 못했다고 한다. 그런데 그 활빈당 무리들이 수백 년간 터를 잡고 활동했던 곳이 지금의 청석골과 붓당골 즉 지금의 모암마을 뒷산이다. 그들이 산속에 숨어 살다 보니 산 능선에 때죽나무를 심어 무리 지어 사는 도적 떼들이 밤에 요긴하게 사용되지 않았나 추측을 해 본다. 차밭도 수백 년 전부터 잘 조성된 듯하고 소엽종, 중엽종, 대엽종까지 다양한 수종이 산재하여 있다. 이곳 다원 사장님의 전언에 의하면 부근에 10여 년 전까지 정말 어마어마하게 큰 차나무를 관리한 적이 있었는데 지금은 보이지 않는다고 하신다.

　그러나 그쪽의 나무들도 제법 튼실하고 계속 옛 차밭을 돌보고 있어서 머지않아 명소가 되지 않을까 싶다. 반복해서 하는 말이지만 조선 시대에 지나친 차의 공납으로 부작용이 많아 차 농사를 지양한 데다 일제 강점기, 6·25전쟁까지 거치면서 100여 년이 넘는 동안 차 농사는 거의 중단된 상태였다. 그래도 차나무는 자생능력이 뛰어나 살아남아 버텨왔고 1960년대 다시 한국 근대사에 차가 회생하였다. 지금이라도 잡목과 대나무만 벌목해도 천연기념물의 가치가 충분히 있는 차신들이 많이 발견될 것이다. 청석골의 차나무 중 특이한 것은 병아리색처럼 노란 잎의 나무도 있고 어지간한 여성의 손바닥보다 크고 긴 대엽종 찻잎도 있다. 그런데 성분이 다른지 유독 이 대엽종만 벌레가 갉아 먹었다. 이런 찻잎의 성분 분석도 필요하다고 여겨진다. 아쉬운 것은 너무 큰 바위틈에서 자생하고 숲에 가려져 있어 제 나이보다 어리게 보인다. 일찍 세상의 빛을 봤으면 매력이 더 많았을 것이다. 그런데도 늦지 않았다.

이곳은 두 그루가 명패까지 갖추고 다농의 어루만짐 속에 잘 가꿔져 있어 다행이다. 당연히 그럴 자격이 있고 명물로 빛나길 바라고 또 바라는 마음이다.

겨울 오후 두 그루의 차신이 밤을 맞이하고 있다.

큰 바위에 기대어 자라고 있는 차신의 줄기

측면에서 보면 하층 부분이 똑바로 서 있는 것처럼 보인다.

줄기가 많은 차신이 수형이 둥글다.

찻잎이 원형에 가깝다.

변이종의 노란색 찻잎.한 부분만 노랗다.

가까이에서 본 노란색 찻잎

어른 손바닥 크기의 대엽종.
바람이 너무 불어서 손을 오므렸다.

벌레가 갉아 먹은
대엽종 잎

줄기가 많고 키가 큰 대엽종 차신. 물결 모양의 가지가 친근하다.

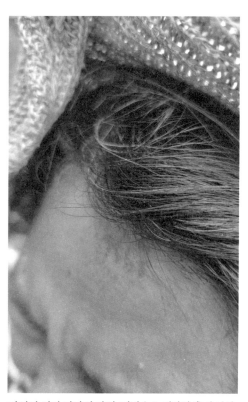

2.5m 높이의 바위에서 떨어진 장소

떨어져 생긴 이마의 상처. 머릿속은 커다란 혹이 났다.

2

———

방치

(放置)

Neglectedness

2-1

정심(正心)

잎의 종류 : 중엽종 - 청차, 홍차

잎의 형태 : 어긋나기, 톱니가 정확하고 약 타원형

나무의 수형 : 매우 짧음, 주 줄기는 튼실하고 굵으나 잔가지와 잎이 무성하다.

나무의 특징 : 수령이 꽤 오래된 차나무들이나 잦은 전지로 잔가지와 잎이 많이 핌.

현재 : 방치

차신 탐사를 다니다 보면 감정이 격해져서 나를 주체 못 할 때가 가끔 있다. 차신이 어마어마해서 그런 것도 아니고 탐사가 미흡해서 그런 것도 아니다. 예상외의 상황에 부딪혔을 때 그렇다. 작년 가을 탐사에 발견하고 사진도 분명히 찍었는데 겨울, 봄, 초여름에 다시 찾아도 없었다. 하늘이 곡할 노릇이라는 말이다. 차신에 관한 책은 제목, 원고 교정, 사진 선택, 사진 배열, 글머리까지 잠을 자지 않고 거의 완성이 됐는데 미흡한 느낌은 어쩔 수 없었다. 큰 나무 위주가 아니라 특징 위주로 하다 보니 더 그런 느낌이었고 그렇다면 그 군락지를 한 번 더 방문하고 싶어서 8월 중순 오후 3시, 식당의 브레이크타임을 이용하여 걸었다. 땀은 비 오듯 흐르고 새벽에 다른 곳 탐사까지 있었던 터라 허리며 다리가 이미 지쳐 있었다. 근처까지 차를 운행해서 갈 수 있었으나 걷는 느낌과 차로 스치는 느낌은 완전히 달라서 걸었던 그 느

낌대로 찬찬히 다시 살폈는데 이런 기적이 있나? 바로 한 번에 쉽게 입구를 찾았고 차신도 바로 눈에 쏙 들어왔다.

　제법 넓은 면적의 차밭은 티백 전용 차나무도 아닌데 땅에서 30cm도 채 안 되게 모두 전지가 되었다. 아마도 노인들이 의자에 앉아서 차 따기 쉽게 그렇게 한 듯하다. 어쨌든 그곳 차나무의 높이는 매우 짧은데 바윗돌 옆에 바짝 붙어서 자라고 있는 차나무는 밑동만 굵다. 한번 상상해 보자. 차나무는 높아야 30cm도 안 되는데 밑동의 둘레가 30cm 정도 된다면?

　굵은 줄기는 25cm 넘는 차신도 있다. 기형도 이런 기형이 없다. 가지를 흔들어 보아도 밑동이 워낙 굵기만 하고 짧아서 끄떡도 없다. 다농은 이 차나무의 존재를 여전히 모르니까 해마다 전지를 그렇게 할 것이다. 차신 탐사를 하면서 방목, 방치, 자생으로 구분을 했는데 방치는 고목인 줄 모르고 혹은 그 귀함을 모르고 다농이 짧게 잘라 버리는 경우를 그렇게 분류했다.

　그렇게 차밭을 둘러보고 차나무 밑동을 몇 그루 찍고 작은 바위 위에 섰는데 구름 한 점 없는 하늘의 뙤약볕이 바위를 비추는데 우리들 발그림자에 따라 언뜻 글자 같은 것이 보이는 듯했다. 이 방향 저 방향에서 보고 한 사람은 몸으로 해를 가리고 한 사람은 허리를 굽혀 바위를 보니 글자는 글자인데 무슨 글자인지 이끼까지 피어서 도통 알 수가 없었다. 한 30분 정도 그곳에 미련을 못 버려 서성이다가 집으로 돌아오려 하는데 해가 살짝 구름에 가려지고 바위를 스치는데 이리 살피고 저리 살피니 '正心'이라는 글자다. 바위가 생긴 형태대로 세로로 쓰인 글자가 아니라 가로 방향에서 세로로 글자가 새겨졌다.

'正心'. 우리에게 주는 교훈 같아 순간 소름이 돋았다. 차를 마시면서 마음을 바로 세우라는 말인가? 다도를 말하는 것인가? 마음 수행을 하라는 말인가? 많은 생각들이 떠올랐고 더운 날씨에 머리, 얼굴, 등에 흐르는 땀은 한 말이 넘는다는 말이 맞을 정도였다. 많은 차신을 만나고 계절을 몇 번 바꾸며 지냈는데 정심이라는 두 글자가 우리의 정곡을 찔렀다. 화룡점정이었다. 더는 우리는 차신을 찾으려는 의욕도 의지도 상실했다. 옛 어른들이 차밭 한가운데 있는 바위에 무슨 연유로 어떤 마음으로 두 글자를 심어 수백 년 후의 우리에게 전율을 느끼게 했는지 모르겠지만 정심(正心)은 희망꾸러미가 되었다.

아마도 이곳은 진양지(1622년~1632년)에서 말한 도심사(道心寺) 터가 아닐까? 하는 합리적인 의문을 품고 있으며 차후 다시 조사를 한번 해 볼 생각이다. 마치 고려의 팔만대장경 속에 나오는 글자체와 비슷해서 내심 놀라워하면서 산에서 내려왔다.

잦은 전지로 차신들이 밑동만 보이는 형국이다. 가지도 별로 없다.

짧은 전지로 인해 아주 굵은 줄기만 돋보이고 작은 줄기는 개체가 몇 개 되지 않는다.

긴 시간을 버티지 못하고 고사된 차신의 줄기.
전지를 하지 않았다면 이 줄기에서도 싹이 돋고 열매가 맺혔을 것이다.

차신의 한 줄기의 둘레만 30cm 정도 된다. 다 굵다.

처음 발견 당시 바위가 생긴 대로 세로로 마주보고
글을 이해하려니 무슨 글자인지 알 수가 없었다.

바위를 가로로 마주 보고 읽어보니 正心이라는 글자가 보였다.

해를 살짝 가리고 보니 正心이 약간 뚜렷해졌다.

바위가 있는 풍경. 차나무가 30cm 넘는 것이 없다.
이곳에 차신들이 여러 그루 바위와 땅에 붙어 있다. 관리가 시급하다.

꼼지꼼지 1 - 천년차밭길

잎의 종류 : 중엽종, 황차, 청차

잎의 형태 : 어긋나기, 둥근형, 잎맥이 뚜렷하지 않음, 톱니가 작음.

나무의 수형 : 바위가 생긴 형태대로 여러 줄기가 가로로 줄을 섰음, 관상목형 남서 방향으로 기울어 자람.

나무의 특징 : 큰 바위에 깔려서 성장, 밑동 둘레와 줄기의 개수 확인 어려움.

현재 : 방치

머리를 땅에 박고 바위 아래의 밑동을 살피지 않는다면 거의 모르고 지나갈 뻔한 차신이다. 그나마 차신의 위도 바위, 아래도 바위가 누르고 있어 큰 바위 두 개를 치우지 않는 한 어쩔 수 없이 보호되고 있는 형국이다. 주변은 언제부터 고사리밭으로 변했고 남아 있는 차밭에는 노인들 몇 분이 마지못해 차를 따고 있다. 늘 다니는 산책길이지만 길에서 약간 비켜선 곳이라 고사리밭을 밟고 들어가야 하는 곳이다. 며칠째 고목을 발견 못 해 의욕이 꺾이려고 할 즈음 억지로 다리품을 팔며 작정하고 돌아다녔는데 의외의 금맥이었다고나 할까? 할퀴고 꺾이고 뜯긴 상처가 모두 드러나는 목메는 현실의 차신 몸이었다. 비록 상처도 많고 가지치기가 심하긴 했어도 밑동을 보고 놀랐다. 뿌리와 줄기 대부분이 위 바위와 아래 바위 사이에 있어서 중층만 보고 어느 정도인지 가늠을 했다. 중층의 줄기만 봐도 야무지게 굵다는 것을 알 수 있었다.

5월 말에 다시 꼼지꼼지를 찾았다. 화개 사람들은 비밀스러운 장소, 나만 아는 장소를 꼼지꼼지라고 한다. 누구에게도 알려 주고 싶지 않은 장소를 그렇게 말한다. 이름을 이렇게 붙인 이유는 이곳 차신을 보면 대만 아리산의 고차수가 떠오른다. 15년 전쯤 우롱차 산지로 유명한 대만 아리산을 갔는데 숙소가 아리산 정상 부근에 있는 호텔이었다. 세계 3대 아름다운 일출 중 한 곳이라고 해서 아리산 정상에 올라 일출을 본 후 내려올 때 걸어서 내려왔다. 대만의 여름 날씨가 몹시 습하고 더웠지만, 아리산 아침은 고도가 높아서인지 스산했다. 이른 기상에 잠에 취한 듯 호텔 방향으로 산길을 걸어 내려오는데 순간 그 쌀쌀함과 피곤함이 사라졌다. 한 그루의 고차수를 발견했기 때문이다. 사진을 찍었는데 어디에 보관되어 있는지 몰라 아쉽지만, 마음속에 잔상은 그대로 있다. 어둡고 침침한 원시림에 길도 좁고 샛강도 협소했는데 이끼류와 양치식물들이 빽빽했고 중심 줄기는 몸을 가누지 못해 전체적으로 비스듬히 누워 있었다. 고목의 자태는 실루엣만 바라봐도 아름다웠다. 어느 정도의 수령인지 알 수 없었지만, 속이 빈 줄기가 많아서 아스콘과 시멘트를 섞어서 썩은 가지에 채워서 관리하고 있었다. 기억하건대 차나무 주 줄기의 1/3은 그렇게 채워져 있었던 것 같다. 주 줄기인 몸통도 고목이다 보니 쇠막대 몇 개로 지지대를 만들어서 지탱하고 있었다. 그때만 해도 우리나라에 큰 고목이 있으리라고는 생각도 하지 않았고 대만이나 중국이 차와 차 농사 모두 앞서간다는 어리석은 사대주의적인 생각을 했었다. 탐사하는 동안 지금은 차의 종주국은 대한민국이 아닐까 하는 약간의 뻔뻔함까지 생겼다.

방치되었거나 방목을 하거나 자생 중이거나 수령이 오래된 차신들은 어딘가 썩고 마르고 상처가 많다. 그런 차신들을 찾아내어 충분히 햇볕을 쬐게 하고 썩어서 마른 가지와 잔챙이 나무를 도려내어 다듬는다면 가치를 잴 수 없는 존재가 될 것으로 믿는다. 나무도 쉼이 필요하다. 해마다 수확을 해야 하니 찻잎을 따내고 두어 달은 다음 해 봄에 자랄 움의 자리도 만들어 주어야 하는 것은 다농이라면 당연히 가져야할 의식이다. 장마철과 여름에 곁가지들이 생성되고 움 자리를 만들어 주어 다음 해 햇차 수확량이 많도록 역할을 하려면 5월의 차나무 전지는 지양하는 것이 맞다.

5, 6월의 전지는 여름, 가을에 잔가지만 많이 나오고 찻잎의 무게도 나가지 않는 재배 방식이다. 지금 세대에서만 대충 차 농사짓고 차 가공을 하고 말 것이라면 전지도 자주 하고 짧게 쳐서 단명하든 고사를 하든 뭐 어떨까만 후대를 생각하고 차의 명맥을 이어 갈 것이라면 방목에 가까운 관리 방법이 최상이다. 그대로 두는 차나무만이 품질 좋은 차를 생산하고 가공할 수 있다. 그러나 화개 다농 대부분은 5월이 되면 서로 다투어 전지하고 차밭 매기를 일 년에 최소 두 번 정도 반복한다. 부지런한 다농은 세 번도 하고 초봄에 또 전지하는 농가도 있다.

이참에 목 놓아 "게으른 다농을 찾습니다." 게으른 농부가 차신을 지킨다는 것은 진리이다.

초겨울 발견 당시 모습인데   주변 차밭
위와 아래의 차이는 극과 극이다.

여름에 전지된 모습

밑동에서 수많은 줄기가 가로로 1m 정도 펼쳐져서 자라고 있음

측면 모습인데 곁에 나온 어린 줄기와 비교하면 줄기의 굵기가 어느 정도인지 가늠할 수 있다.

육안으로 보면 가장 굵은 줄기. 그나마 여름에는 고사리에 덮혀 있다.

측면. 아주 굵은 뿌리에서 두 줄기가 생성되었다.

잦은 전지로 찻잎이 원형에 가깝다.

측면의 상층. 잦은 전지로
톱자국이 옹이가 되기 직전이다.

자세히 본 측면의 모습.
껍질이 많이 벗겨지고 찢어졌다.

측면의 하층.
차신의 고달픔이 느껴진다.

가을날 차신을 만나고 지리산을 향해 한컷

꼼지꼼지 2 – 노랑목도리단비길

잎의 종류 : 중엽종, 덖음차, 홍차

잎의 형태 : 어긋나기

나무의 수형 : 찻잎 수확 지역은 관상목형, 자생지역은 버드나무 형태로 자람.

나무의 특징 : 차밭 전체에 고목 차나무들이 군데군데 있음. 방치 지역은 고사하고 있고 자생지역은 잘 보존되고 있음.

현재 : 방치, 자생

천년차밭길은 날마다 혹은 최소 일주일에 두어 번은 걸어 다니는 길이다. 아침에 걷지 못한 날이면 브레이크타임에라도 걷는 길이다. 인적이 없어 좋고 오르막, 내리막, 평지길이 공존해서 좋다. 경사가 심하지 않고 완만해서 적당히 운동도 되고 가게에서 걸어 한 시간 이내의 거리라 어슬렁거리다 오면 가뿐하다. 신촌마을과 석문마을이 연결된 산길이다. 신촌마을에서 시작하여 석문마을로 내려와도 좋고 석문마을에서 시작하여 신촌마을로 내려와도 좋다. 우리 동네에 있는 리조트나 주변 펜션에서 머문다면 지리산 여러 자락과 백운산 자락을 한눈에 볼 수 있는 천년차밭길 걷는 것을 추천한다. 트레킹 수준이라기보다는 천천히 산책하는 정도로 생각하면 좋을 것 같다.

마을 초입부터 담벼락의 벽화가 차의 고장에 온 것을 확인시켜 준다. 다관에서 차를 따르는 그림. 차 따르는 소리가 귓가에 또르르 들리는 것 같고 차 한 모금이 이미 목젖을 타고 뱃속으로 내려가고 있는 것 같기도 하다. 반달곰 그림은 말하지 않아도 지리산에 와 있음을 인지시켜 주고 작은 거북선 그림은 이순신 장군이 치른 노량대전이 하동의 노량 앞바다였음도 말해 준다. 마을을 벗어나자마자 차밭이 쭉 이어진다. 화개는 '무농약 특구 지역'이다. 그러다 보니 잡풀과 잡목이 무성하다. 봄에는 뽀리뱅이와 민들레도 지천이다. 찔레나무가 많아 순이나 가지를 따 먹으며 걷는다면 심심하지 않을 길이다. 천년차밭길은 이름대로 차밭도 많지만, 농산물이 매우 다양하다. 밤나무, 감나무, 뽕나무, 매실나무, 두릅나무, 제피나무, 모과나무, 고사리, 가죽나무. 사람들은 이렇게 많은 식물을 먹으며 살고 있구나 싶다. 신촌마을 물탱크가 보이면 왼쪽으로 작은 샛길이 있는데 입구에 아주 오래된 엄나무 고목이 한 그루 있다. 잎이 무성할 때는 나무의 진가를 잘 모르는데 잎이 진 겨울이면 가지마다 힘찬 기운이 쏟아진다. 이 엄나무를 볼 때마다 나도 에너지를 얻곤 한다.

보았다. 그러나 셔터를 누르자마자 사라졌다. 아쉬웠다. 매우⋯. '노란목도리담비'였다. 검정 옷을 입은 담비는 가끔 보지만 노랑 옷을 입은 담비는 처음 봤다. 담비도 놀라고 나도 놀랐지만 서로 눈 맞춤은 잘했다. 노랑목도리담비가 사는 곳을 알았으니 다음에 또 만날 수 있지 않을까? 담비와의 반가운 만남에 발걸음도 가볍다. 천년차나무길의 백미는 걷는 것만이 능사가 아니다. 뒤돌아보면 광양 백운산의 한재고개와 똬리재가 한눈에 보이고 화개장터에서 섬진강을 지나 전라남도와 경상남도를 잇는 남도대교도 보인다. 저 멀리 앞을 보면 지리산 토끼봉, 벽소령, 영신봉도 손에 잡힐 것처럼 보인다. 옆을 보면 지리산 한 중심인 황장산이 길게 한눈에 병풍처럼 펼쳐진다. 지리산을 연화반개천이라고 표현한다. 연꽃이 반쯤 개화한 상태라는 뜻이다. 황장산은 지리산의 중앙에 있는 줄기이자 연꽃의 꽃술에 해당하는 아담한 산이다. 섬진강이 전라도와 경상도의 경계이듯이 황장산도 전라도와 경상도의 경계이다. 황장산을 넘으면 전라도 피아골이다.

이런 풍경을 즐기며 조금 걸으면 3,000여 평쯤 되는 친구네 차밭이 나온다. 할머니가 시집왔을 때도 있던 차밭이었다고 한다. 당연히 친구 부모님께서도 차 농사를 지었다. 내가 기억하는 친구의 아버님은 자주 생식(生食)하셨는데 모습은 참 생소하고 경이로웠다. 그런 가족들이 차 농사를 지었다. 우리는 경사진 이 차밭을 즐겨 걷는다. 한 번 갈 때마다 차신을 한 그루씩 발견하니까. 내 살점이 뜯기듯 참담하게 망가진 차신도 있지만, 외딴곳에 방치되어 자생하는 차신도 있다. 온갖 가시 식물들이 에워싸고 있어도 잘 견뎌 주고 있다. 안타까운 것은 임도가 나면서 보호되어야 할 많은 차신과 식물들이 베어 없어졌다는 점이다. 그래도 우리들만의 꼼지꼼지는 변하지 않고 계절마다 무한한 매력이 물씬 퍼지는 곳이다. 노란목도리담비가 사는 길이니까….

자생하고 있는 차밭 풍경.
이곳에 세 그루의 차신이 있다.

키는 높고 뿌리는 굵다.

줄기의 반은 고사되고 반은 살았다.

제일 큰 줄기의 밑둥이 45cm

몇 년 전 차씨가 떨어지지 않고 썩어서도 매달려 있다.

한 뿌리에서 굵기가 다양한 줄기 생성. 밀림 같은 숲에 있음.

왼쪽 측면의 하층

정면의 밑동

정면을 접사한 모습

전지된 차신.
뿌리만 굵고 상층은 짧으며 고사 직전.

군락지지만 티백차 전용 차밭이라 관리가 안 되어
뿌리가 드러난 차신.

관리가 안 되어 고사되고 있는 측면의 하층

드러난 뿌리와 줄기가 비교가 안 된다.
잔 줄기가 많이 생성된 차신.

밑동에서 자라고 있는 곁가지

차신을 덮고 있는 초록색 곰팡이가
나이를 말해 주는 듯하다.

측면

속에서 본 모습

대엽종의 새순

상층과 하층은 보이지 않고
뭉툭하게 잘린 줄기에서 가지가 나고 있다.

고사된 차신의 굵기를 비교해 본다.

고사 직전의 차신

2-4

과거의 편지

잎의 종류 : 중엽종 – 청차, 황차

잎의 형태 : 어긋나기, 달걀형, 톱니의 개수가 적음.

나무의 수형 : 다듬어진 수형

나무의 특징 : 잦은 전지로 주 줄기는 짧으며 상처가 많고 잎이 둥근형으로 변해 감.

현재 : 방목

생각도 하지 못한 곳에서 몰골이라고 표현해도 될 정도의 지친 모양새로 세상을 굽어보고 있는 차신을 다수 발견했다. 감격과 안쓰러움이 교차하는 지점이다. 무더기까지는 아닐지 몰라도 최소 댓 그루 이상 탐지고 옹골찬 고목을 찾았다. 좋은 터도 아닌데 고사하지 않고 비교적 건강하다. 전지를 자주 해 키는 짧았지만, 전지하지 않고 방목했더라면 금과옥조가 되었을 가능성이 충분했다. 사실 이곳은 작년 겨울 탐사에서 발견하여 주목해 두었던 차신이 있었다. 그 목적으로 갔었는데 목적했던 차신을 발견하지 못했다. 땅 그름이 내려 사진을 못 찍어서 넉 달 뒤에 다시 찾은 것인데 도무지 없다. 계단식 밭과 논 주변을 뱅뱅 돌아서 오르락내리락하며 머리의 피가 솟구칠 정도로 얼굴을 땅에 박아 나무 밑동을 관찰했다. 혈압도 오르고 얼굴은 벌겋고 머리카락에는 검불이 붙고 뺨에는 밤 가시가 스칠 만큼 땅으로 머리를 박으면서 찾아도 오리무중이었다.

탐사를 다니면서 가장 애로점은 관리를 너무 잘한 티백 차 전문 차밭은 전지가 잘
돼 있어 이 나무가 저 나무 같고 저 나무가 이 나무 같아서 표식을 해 두지 않으면 다
음 탐사에 처음부터 시작해야 한다. 그렇다고 남의 차밭에 이런저런 흔적을 남기기
도 그렇고 주인을 찾아 이러쿵저러쿵 이야기할 시간은 더욱이 없다. 사진 찍는 그것
까지 두 시간 이상을 헤맸지만 결국 봐 두었던 차신은 접어야 했고 찻잎마술의 겨울
비수기에 다시 찾으려 한다.

이곳은 역사의 스토리가 나올 법한 곳이다. 차나무 한 그루는 오래된 기와 파편을
안고 자라고 있고 그늘 목으로 있는 밤나무는 부러진 쟁기를 살 속에 안고 있다. 사
람은 죽으면 움도 싹도 안 나는데 식물은 이끼 낀 기와 파편을 품어 안고도 자라고
있다. 기와 파편 한 개가 많은 의미를 부여한다. 과거의 부귀영화를 자랑할 수도, 연
인에게 보내는 연정의 편지일 수도 있겠다. 질긴 생명의 흔적은 고사리 뿌리가 에
워싸 숨도 못 쉬게 옥죄고 있는 차신에게서도 보인다. 수많은 칼질에 상처는 왜 그
리 많은지 품어 주고 싶은 나무도 있다. 나이는 얼마나 될까? 이끼가 자란 것을 보니
내 나이보다 몇 배는 많은 것 같다. 너무 오래 살았나 싶은지 힘없이 이미 내려놓은
가지도 가끔은 있고 언제 떨어진 차씨인지 엄마 나무 곁에서 껍질도 채 벗지 못하고
싹을 틔우고 있다.

작년 가을에 떨어진 차씨는 분명 아닌데 이제야 싹을 틔운 어린 차나무가 보인다.
2cm가 될까 말까…. 경험컨대 차 종자는 수년이 지나도 잘 썩지 않고 움츠려 있다

가 세상 밖으로 나오는 경우가 많다. 이런 연구도 하는 전문가들이 많아졌으면 하는 바람이다.

겨울에 발견하고 봄, 여름에 못 찾았는데 줄기가 녹각과 닮았다.

매우 굵은데 상층은 잘리고 밑동은 고사되고 있다.

떨어진 지 오래된 차씨가 껍질을 깨고 싹을 틔워 나고 있다.

상층은 고사되었지만 중층에는 새순이 나고 있다.

상층에 마른 차꽃을 붙이고 차씨가 크고 있다.

차신 군락지

부러진 곡괭이를 품고 있는 밤나무

찻잎을 갉아 먹고 있는 노린재. 자세히 보면 많이 갉아 먹었다.

바위 속에서 자라고 있는 차신

뿌리에 꽃이끼가 낀 기와파편을 품고 있다. 세월이 보인다.

바위 속을 사진 찍어 보니 네 줄기가 켜켜로 포개져서 자란다.

하층과 중층의 두께가 균일하다. 줄기가 붙어서 쌍둥이처럼 자란다.

잦은 전지로 상처가 많은 차신

상층도 전지가 많이 되어 있다.

중층부터 줄기가 뒤로 기지개를 켜는 듯 보인다.

고사리, 머위 등 산나물로 덮힌 차신

바위를 등지고 있는 차신

상처로 인해 생긴 중층의 옹이

상층이 전지되고 하층만 남은 차신. 전지가 반복되니 잔가지만 많다.

주줄기와 옆 줄기는 고사되고
새 줄기가 우람하게 자랐다.

줄기에 이끼가 청각처럼 붙어서 피었다.

수형이 아름다운 차신

2-5

환생

잎의 종류 : 재래 중엽종 - 덖음차, 황차
잎의 형태 : 어긋나기, 약간 길쭉하며 톱니가 많다, 잎맥도 뚜렷하다.
나무의 수형 : 잦은 전지로 관상목 수형, 하층은 두꺼우며 상층은 잔가지가 많음.
나무의 특징 : 돌담 속에 있어 뿌리를 정확히 볼 수 없음.
현재 : 방치

　차씨가 익고 차꽃이 피고 진 지가 엊그제 같은데 벌써 찻잎 딸 때가 되었다. 시간이 좀 먹은 것인지 좀이 시간을 먹은 것인지 개념 없이 어리바리 지내는 동안에 봄은 왔다. 달이 바뀌고 해가 바뀌어도 거르지 않고 시간 품을 내어 다녔는데 봄 앞에 쓱 나타난 찻잎이 인사를 하러 다닌다. 바람도 함께 다니는지 기온이 꽤 차다. 종잡을 수 없는 날씨에 아침 숟가락을 놓자마자 차 한 잔 못 마시고 양치질 대신 따뜻한 물로 입만 헹구고 나섰다. 할매차나무, 할아씨차나무 구분 없이 두꺼운 옷 속으로 반갑지 않은데도 손잡자고 줄기를 들이밀었다. 갱년기 아낙들 변덕은 가져다 붙이기도 힘든 봄 날씨다. 낮과 밤의 기온 차가 연일 15도나 차이가 나고 미세먼지도 많지만, 다농들은 쉴 틈이 없다. 한 해 농사가 시작되니 차를 비빌 명석과 장갑, 광목천도 씻어서 햇빛 소독도 해야 하고 차 솥도 불 지펴 먼지도 씻어 내고 광도 내야 할 것이다.

　봄이라는 말만 들어도 화개의 다농들은 긴장도 하고 설렘도 든다. 돈이 들어오지 않는가? 낮에는 찻잎을 따고 밤에는 차를 덖는 수고로운 시간이 반복된다. 우리 집도 낮에는 식당 영업을 하면서 밤에는 차를 덖고 새벽부터 오전 시간에는 차 맛 내기와 포장 작업을 해서 사계절 중에 제일 바쁜 날이다. 우전보다 앞서 소암백차(少嵓白茶)를 법제했는데 늦겨울과 초봄이 따뜻하고 비가 잦아서 향이 예년보다 덜하다. 차신 찾으러 다니느라 식당의 브레이크타임이 늘어나 경제적 손실도 있지만 이런 고급스러운 취미가 어디 있냐며 위로를 한다. 경험하지 못한 과거의 시간과 교감을 하니 전율이 일고 잠자는 시간에도 나가고 싶으니 이렇게 환상적인 중독이 어디 있을까?

　차시장의 고사로 인해 고사리가 경제적으로 도움이 되는 작물이 되어 있고 우전 따는 일보다 올고사리가 더 돈이 된다고 한다. 또 어쩌다 커피가 한국을 삼켜 버렸는지 또한 답답하다. 그나마 차신 두 그루를 발견하고 위로를 받았다. 변덕이 좀 그렇다. 사람들의 관심이 비교적 적은 벼랑 끝과 절벽 중간에서 작은 바위를 이고 있어 속을 들여다보기 전까지는 일반 차나무와 구별하기는 쉽지 않다. 어쩌면 선대의 다농들이 환생한 것이 아닌가 하는 상념에 잡히기까지 한다.

　직경을 측정해 보니 놀랄 정도의 크기이며 직경 19cm의 차나무 줄기를 자랑한다. 직경 19cm이니 3을 곱해 보면 둘레 치수가 나온다. 물론 차나무 뿌리에서 시작한 밑동 부분이지만 긴 시간 버티어 온 자태가 이만저만 도도한 것이 아니다. 차나무는

1m 남짓 전지가 되어 있고 썩어 없어진 흔적들 눈에 띈다. 차신 밑동 주변에는 수령이 제법 되는 조각들이 흩어져 보이기도 한다. 이 차밭에는 예부터 아랫마을의 앞뜰까지 이어지는 수로가 있는데 지금은 논농사를 짓지 않아 물은 단수되고 마른 수로만 존재한다. 몇십 년 전까지만 해도 마을의 맑은 계곡에서 내려오는 많은 수량이 지나갔던 곳이다. 그 언저리에 고목들이 있다.

경사가 심하고 사토가 많아 차나무가 자라기에 최적의 조건이며 찻잎의 크기는 토종 중엽종의 표본이다. 찻잎은 두툼하고 1년 지난 줄기는 밝은 갈색이다. 토종 차나무 고유의 잎으로 보아 가공 후 차의 무게도 많이 나갈 것이다. 찻잎을 같은 시기에 같은 크기를 비교해 봐도 어떤 차밭의 찻잎은 가벼워 차를 덖고 비벼 보면 새털보다 가벼운 차도 있고 솥 안에서 탁탁 내려앉으면서 차를 비비는 손안에 감기는 무게 있는 찻잎도 있다.

차를 법제하는 감각은 하루아침에 만들어지지 않는다. 노력의 산물이다. 차를 만지는 느낌이 저울이고 눈이 차맛이다. 그것은 다농들에게 본능 이상이다.

차신 찾으러 가는 풍경

산죽나무와 같이 자라고 있고
돌담 아래에 위치

밀동 시작 부분에 곁순이 나고 있다. 큰 줄기가
되기까지 몇백 년이 걸리겠지만 대단하다.

표피가 있는 걸로 보아 뿌리가 드러난 고목임을 알 수 있다.

측면에서 보니 과거에 더 굵은 줄기가 고사된 흔적이 두 개 있다.

차신의 전체 모습

하층 부분. 해마다 전지하여 상처가 많고 굵은 뿌리에 비해 줄기는 빈약하다.

돌담 속에서 자라고 있는 차신

사람 손 하나가 들어가기 힘들 정도로 차신의 밑동이 굵다.

특수 카메라를 이용해 밑동을 촬영하였더니 고사된 줄기가 보인다.

측정이 불가능하며 밑동과 뿌리가 굵다.

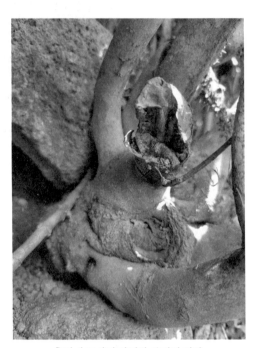

측면 부분, 굵은 줄기가 고사되고 없다.   측면에 고사된 가지가 부러져 있다.

차신이 있는 풍경

다정한 연인처럼 안고 있는 밑동 모습

오른쪽에 젓가락처럼 생긴 조릿대를 보면
차신의 굵기가 가늠이 된다.

룸비니숲

잎의 종류 : 중엽종, 황차, 청차
잎의 형태 : 어긋나기, 달걀형, 톱니의 개체 수가 적음.
나무의 수형 : 밑동에서부터 세 줄기로 자람.
나무의 특징 : 수형은 관상목 형태.
현재 : 방치

    쌍계 초등학교와 도현암 샛길과 룸비니동산 주변은 걷기 좋은 길이다. 간혹 키 큰 산죽들과 수백 년 된 참나무들이 줄을 지어 서 있고 백일 된 애기 다리 정도 깊이의 도랑이 있는 이 길은 쌍계사 스님들이 점심 공양 후나 저녁 공양 후 산책을 하는 호젓한 길로 왼쪽에는 야트막한 매봉산, 오른쪽으로는 넓은 차밭이 형성되어 있는 짧은 구간이다. 지금의 룸비니 동산 주변과 이곳의 자연은 돌멩이 하나, 나무뿌리 하나도 다 기억이 난다. 그만큼 초등학교 다닐 때 쏘다녔던 길이다. 쌍계사와 가장 가까운 차밭인 이곳도 티백용 차를 수확하는 곳이라 잦은 수확으로 인해 잔가지가 많고 잎들이 건강해 보이지는 않는다. 차나무의 상층 중심은 고사하고 있는 전형적인 티백 전문 차밭이다. 그리 큰 기대는 하지 않았지만 그래도 쌍계사와 가장 가까운 거리에 있는 차밭 아닌가? 경험상 화개의 차밭은 무턱대고 심어지고 형성된 것이 아니었다. 차나무 한 그루가 있으면 그 나무에서 차씨를 따서 심고 또 키워서 차씨를 따고 심어서 차밭을 늘렸다. 차밭이 형성된 곳은 어느 곳이든 오래된 차나무가 한 그루쯤은 존재했다. 그것은 큰 위로였고 늘 감동이다.

느리게 걷는 동안 갑자기 어디서 돼지 멱따는 소리가 나고 찍찍 짹짹 엎치락뒤치락 난리가 났다. 싸움판이 벌어졌다. 뱀 한 마리를 두고 까씨(氏) 성을 가진 두 조류가 깡충깡충 뛰면서 시끄러웠다. 까치 떼와 까마귀 떼가 제법 살벌한 싸움판을 벌인다. 혼자 걷는 길이라 살짝 무서움이 돋았다. 나를 보더니, 피투성이의 뱀 새끼를 두고 까치와 까마귀 떼들은 숲속으로 냅다 날아가 버렸다. 나는 어쩌라고? 이럴 땐 제 길로 걷지 않고 빙 둘러 다시 길을 걸으면 된다. 걷다가 보면 이런 모습을 가끔 볼 수 있다. 특히 여름에. 어떨 때는 간식으로 가져간 초코파이와 빵과 우유를 내려놓고 사진 좀 찍고 오면 우유는 무거워서 못 들고 초코파이나 빵은 낚아채 가고 없을 때도 있다. 하지만 우유를 들어 보겠다고 주변에서 서성이는 꼬락서니는 가관이다.

그렇게 자잘한 일들을 접하고 다니면서 어림잡아 이천여 평 이상은 됨직한 차밭에서 한 그루 한 그루 일일이 밑동을 뒤지기 시작했다. 많은 나무의 밑동을 상체를 숙여 머리를 들이밀고 눈을 치켜올려야만 차나무 줄기가 확인되었다. 방치되었거나 자생 중인 키가 큰 나무는 지난해 차꽃과 차씨가 말라 있거나 차씨가 여물고 있어서 구별이 쉽지만, 티백용 차를 수확하는 차나무는 3월부터 가지치기를 해 버리기 때문에 밑동에서부터 잔가지가 수북하고 키가 작아 어려움이 많다. 먹은 점심이 역류하고 허리가 부서질 듯하고 모자는 자꾸 땅으로 내려앉는 경험을 하면서 차밭 전체를 뒤지고 다녔다. 설마 없겠냐는 오기로 고집스럽게 뒤졌다. 간혹 소엽종과 대엽종이 눈에 띄고 변이종도 보였다. 전체적으로 전형적인 재래종 품종은 아니었다. 쌍계사 아랫마을에는 조선 말기에도 다모가 존재했던 곳이며 모녀 다모가 쌍계사 스님들에게 초청되어 차를 우려 줬던 일화도 있는데 가까운 곳에 차를 재배했을 것이라는 마음으로 뒤지고 또 뒤졌다.

위에서부터 차나무를 샅샅이 살피고 난 후 거의 마지막 부근 차도가 인접해 있어서 자포자기할 무렵 크지 않은 바윗돌이 몇 개 정도 군락을 이루고 있는 것이 보였다. 확신했다. 저 나무다. 얼른 뛰어가서 밑동을 살피니 제법 굵다. 개울을 끼고 사람들의 눈에 띄지 않을 만큼 중간 크기의 바위 밑에서 일반 차나무와 섞여서 있는데 쪼개어진 바위틈을 보면 굵은 야생차의 자태를 볼 수 있다. 이 나무 또한 바위 속 깊숙한 곳에 뿌리를 내리다 보니 사진을 찍기에 불편하다. 주변의 다른 차나무도 굵기가 제법 굵은 것으로 봐서 모두 50년이 넘은 나무들로 보인다. 오직 바위 속에서 오래된 차나무를 발견할 수 있는 것은 접근이 어렵고 낫질이나 톱질이 어려워 버려지다시피 했던 나무들만이 이제와서 역사가 되어 주는 아이러니는 생각해 봐야 할 숙제 같다. 이 나무만이라도 전지를 하지 않고 그냥 두어 하층만 잘 다듬어 자태 있게 키우면 좋은 본보기가 될 것 같다.

차신 주변

해마다 전지로 인해 키가 낮으며 반경 1.5~2m 크기

가까이 보이는 차신

겨울의 차신 내부 모습

잦은 전지로 잎이 둥글다.

주변 개울가

사천왕수와 홍차

잎의 종류 : 재래 중엽종, 덖음차, 6월 홍차
잎의 형태 : 어긋나기, 잎과 잎의 간격이 넓고 톱니와 잎맥이 뚜렷하다.
나무의 수형 : 관상목형이며 하층과 중층에 잔가지와 잎이 많다, 상층에 잎과 가지가 무성.
나무의 특징 : 잦은 전지로 잔가지와 잎이 많으나 밑동은 크게 네 줄기로 자람, 토종 재래 중엽종 특유의 밝은 갈색 가지에 잎을 피운다.
현재 : 방목

　그 많은 산을 타고 계곡을 건너서 나무들을 탐사하는데 한동안 그렇다 할 차신이 없어 소심해 있던 때에 심장을 뛰게 하는 차신 한 그루를 발견했다. 국사암의 사천왕수와 너무 흡사한 나무를 만났다. 일반 차나무와 혼재해 있으면서 다른 어린나무와 너무 똑같고 차신들에게서 보이는 마른 차씨와 차꽃이 전혀 보이지 않는 특징도 은둔의 장수 같다. 밑동과 중층에 잔가지가 많았지만 한 뿌리에서 동서남북으로 뚜렷이 갈라져 네 줄기가 올라 온 모습은 국사암 사천왕수의 후손이라 해도 믿을 수 있겠다. 나무의 수종이 중요하지 않았다. 근 10여 일 만의 빈 탐사 끝에 만난 차신이어서 더 반가웠다. 밑동을 자세히 보지 않으면 다른 차나무들과 섞여 잘 보이지 않아서 관리를 못 한 것 같았다. 아무도 눈여겨보지 않아서 서러움을 탔을까? 꼭꼭 잘도 숨어 있었다.

이 부근에는 대나무 숲에서 하늘을 원 없이 바라볼 날을 기다리는 차나무들이 즐비하다. 언제쯤 차나무들이 당당하게 태양 앞에 나설 수 있을지 모르겠다. 많은 시간과 인력과 장비가 필요한 일이다. 이런 경우에는 지방 행정이나 국가의 지원도 아깝지 않을 것 같은데도 그냥 묵혀 두는 것은 선대 다농(茶農)에 미안함을 저지르고 있는 건 아닌지 모르겠다.

누가 종자를 심었든 언제 심었든 이곳의 차나무들은 변이종이 거의 없고 중엽종의 밝은 밤색의 가지와 찻잎을 유지하고 있는 재래종 특유의 종자가 한 장소에서 자연스럽게 번식한 경우였다. 화개지역 특유의 돌이나 바위도 크게 없고, 산은 산인데 넓은 동산이다. 대나무가 워낙 왕성하게 자랐던 곳이라 광합성작용만 제대로 했더라면 차나무의 몸집은 어마어마해졌을지도 모를 일이다. 이곳에서 6월에 딴 차 이파리로 홍차를 만들면 참 좋겠다. 전통 재래종은 잎이 두껍고 잎의 크기는 대엽종에 가까울 만큼 크고 나선형이다. 잎 가장자리에 톱니바퀴가 선명하기도 하다. 여기서 만든 홍차를 어느 봄 오후 4시쯤 해 질 녘에 마신다면 지는 햇살 한 자락 붙들고 삼매에 들 수도 있을 것 같다. 산업혁명 이후 티브레이크가 노동자들의 휴식 시간으로 인식되었는데 우리는 지금까지 티타임이 어색한 것은 부지런한 습성 때문일 것이다. 일부러 차 마시는 시간을 가지면 어쩐지 베짱이가 된 느낌은 뭘까? 다만 피곤함에 지쳐서 나에게 차 한 모금의 에너지를 부을 때는 체내의 내장이 좋아서 춤을 추는 것이 느껴진다.

우리나라도 차를 우리는 방법도 유행이 있어서 삼국 시대에는 탕처럼 끓여서 마시고 고려 시대에는 갈아서 솔잎 등으로 쳐서 마시고 조선 시대에는 잎차를 우려서 마셨다 한다. 모두 그렇게 마시지는 않았겠지만 대체로 그런 유형으로 마신 것으로 보인다. 현대는 너무 다양하여 대용차마저 茶라고 부르고 일반꽃차도 茶라 부르니 약간 혼란스럽다.

하동의 대표적 특산물은 매실, 밤, 대봉감, 차가 있다. 여름이다. 이 여름에 홍차를 마실 때 매실 발효액을 넣어 아이스티를 만들어 마시면 어지간한 복숭아 홍차나 레몬 홍차보다 더 맛있다. 타닌 때문에 크림다운 현상이 나타나서 차색(茶色)이 진하게 탁해지면서 차의 풍미는 훨씬 좋아진다. 차신 탐색을 하면서 찻잎의 성질을 파악하고 차신이 서 있는 자리의 환경을 파악하여 6대 다류(茶類)를 분류해 보는 재미도 있다. 흑차는 우리나라의 기후나 찻잎의 성질이 달라 시도조차 해 보지 않았다. 우리도 이탈리아처럼 오후 2시엔 모든 셔터를 내리고 낮잠 시간을 가지고 영국처럼 티타임을 가지는 날이 있었으면 좋겠다. 홍차를 끓일 때는 법랑 주전자가 좋다. 물과 함께 홍옥 껍질을 넣고 끓이다가 찻잎을 넣어 상큼하고 달콤한 차를 마시는 시간이 우리에게 필요하다. 그런 용기와 시간을 가지지 못하는 것은 마음이 가난해서 실천을 못 하는 걸까? 마음이 부자여야만 되는 것도 아닐진대. 내가 본 봄날 이곳은 오후 4시는 천상이 존재하는 시간이다. 사람이 마음에 거리낌 없이 홍차를 마실 수 있는 시간이 오후 4시라는데, 이곳의 찻잎으로 만든 홍차를 마신다면? 마침 같은 차밭 가장자리에 천상의 대궐 같은 누각도 있는데.

우리는 2016년 1월 21일 제정된 차(茶)산업 발전 및 차문화 진흥에 관한 법률제정에서의 국민 의견수렴 때 나름대로 일조를 하기도 하였는데 차산업 발전 및 차문화 진흥에 관한 법률 시행령 2조 4항을 적극적으로 반영하도록 건의하여 나온 결과인데 차꽃과 차씨로 만들어진 것도 차의 종류에 속하게 되었다. 즉, 차꽃과 차 씨앗으로 만든 차는 대용차가 아니라는 것이다. 차꽃과 차 씨앗을 이용한 차 제품개발은 아직 우리 "다오영농조합법인"이 거의 유일하다시피 되었지만 앞으로 한국의 차 산업이 많은 발전이 있으리라 예측해 본다. 차꽃과 차 씨앗을 이용한 다양한 茶 개발의 문이 차산업의 범주 안에서 발전해 나갈 가능성이 있다고 생각하니 자부심이 느껴진다. 이외에 이 법률안 중 다섯 조항이 우리가 적극적으로 건의한 결과물이라는 것에 약간의 보람을 느끼고 있기도 하다. 그러나, 건의 사항 중 차밭 경관에 관한 법률은 반영이 되지 못했다는 점에 대해서는 약간 아쉬움을 느낀다. 이 점은 훗날 차밭의 관광자원 활용을 염두에 두고 건의하였는데 받아들여지지 않았었다. 이제 차신을 계기로 차밭경관도 한 몫 하기를 기대해 본다.

초봄 오후 4시의 차밭풍경. 하늘과 차나무와 대숲의 조화가 평화로운 곳.

이 풍경 안에 차신이 세 그루 존재한다. 고목에는 리본이 달려 있다.

사천왕수를 닮은 차신의 겨울 모습

새순이 나온 봄날 모습

가을 발견 당시 네 줄기 중 한 줄기의 굵기를 가늠해 봤다.

전체 밑동의 굵기가 83cm 정도 되는데
밑동이 땅속에 많이 들어 앉아 있어서 더 굵을 것 같다.

정면에서 오른쪽 밑동

정면에서 왼쪽 하층

차신의 내부 모습인데 중층에서 줄기들이 많이 생성되었다.

전형적인 재래 중엽종 찻잎의 모습을 갖췄다. 야생차에서만 보이는 특징이다.

2-8

하늘보다 높은 길

잎의 종류 : 중엽종 - 청차, 황차

잎의 형태 : 어긋나기, 잎맥이 약하고 둥글게 나며 톱니 개수가 적다.

나무의 수형 : 관상목형

나무의 특징 : 차밭에 많은 차신 존재, 밑동에서부터 여러 줄기로 성장, 고사하고 있는 차
나무 다수.

현재 : 방목

이 지역의 차나무는 분명히 천 년 전에 심어졌을 가능성이 짙다고 확신한다. 화개
동천 라인을 타고 거대한 차신들이 고사하거나 밀집되거나 잘 자라거나 그렇다. 자
생하느라 얼마나 용을 썼는지 고사 위기에 있는 나무도 많고, 고사하였다가 뿌리가
살아서 다시 생명이 돋는 나무도 있다. 안타깝지만 6km 정도 되는 긴 거리에는 아
직도 찾지 못한 나무들이 관심을 기다리고 있을지도 모른다. 주로 화개동천을 바라
보고 자라며 경사가 심해서 거짓말을 보태지 않아도 70도 이상인 곳들이 많다. 차신
을 찾으면 한 곳을 최소 세 번 이상 탐사했다. 화개에 토박이라 해도 없는 길을 찾아
다니는 일은 무모했다. 정보도 없이 화개면 일대 안 다닌 차밭이나 산이 별로 없다.
서너 번씩 다 다녀봤으니 이제는 눈감고 가라고 해도 찾을 자신이 있다. 비록 그 산
물은 미비했을지라도 지난 여정은 행복했다.

특히 이쪽 라인은 잘 관리하여 '차신여행 존(zone)'을 만들어 트래킹 마니아들이나 산림연구원들에게 더할 나위 없는 풍경과 차신들의 위풍당당함을 선보여도 좋을 것 같다. '식물이 길거리에 나면 잡초지만 밭에 나면 나물'이듯이 방치하여 역사도 없는 잡목으로 둘 것인지 다듬고 보살펴서 보물로 키울 것인지 행정과 다농들의 합심이 필요하다. 1년에 1~3mm 자라려면 몇 년을 살아야 하는지 가늠도 못 하겠다. 천지에 널린 차신을 보존하고 알려서 중국 못지않은 차의 나라임을 입증할 수 있음에도 왜 하지 않는지 의문이다. 다농들이 한다 해도 그리 어려운 일은 아니다. 탐사를 다녀 보면 주인이 누구인지 모르지만 잘 관리되고 보존된 차나무들이 더러 있다. 그런 차신들을 바라보고 느끼는 고마움은 꼭 차인(茶人)이 아니라도 같은 마음일 것이다.

차신을 탐사하면서 두 번만 찾은 한 군데가 있다. 이곳은 경사가 너무 심해서 거의 목숨 줄을 걸고 다녀야 할 정도였다. 더욱이 차나무 대신 젓가락보다 얇은 이름을 알 수 없는 나무들을 심어 놓아서 살얼음판을 걷는 것보다 더 조심스러웠고 위험했다. 조금이라도 발을 잘못 디디면 뒹굴어서 아래 바위 계곡으로 그대로 떨어질 것만 같아 아슬아슬했다. 넓기는 왜 그리 넓은지 몸이 알아서 긴장했다. 어떤 곳은 경사 80도라고 해도 거짓이 아닐 정도이다. 대단한 농부이시다. 어떻게 이런 험한 곳에 차밭을 일궜는지 부지런함과 섬세함을 칭찬하지 않을 수 없다. 그래서 이곳만 다녀오면 발목이든 팔목이든 허리까지 무리가 되어 침을 맞고 파스를 덕지덕지 붙여야 했다. 이곳의 사진이 몇 장 없어도 간략하게나마 소개하려는 이유는 큰 차신들이 요소요소에 숨어서 많다는 것이다. 비록 잘 키워지고 가꿔진 나무는 제대로 없지만, 밑동을 찾아보면 거대한 나무들이 정말 많았다. 짧게 전지를 하고 빽빽하게 밀식되어 있어 겨우 발을 디딜 곳을 만든 후에 사진을 찍었지만, 주도면밀히 찾아내면 차밭 전체가 보호 존이 될 것이다. 다농과 행정기관, 그리고 차인들, 지역주민들이 조금만 더 관심을 가진다면 천 년 역사의 하동 차는 다시 영광의 때가 오리라 믿는다.

사실 다른 지역 차나무들이 600년, 500년, 400년이 넘었다 해서 새벽에 출발하여 비 눈을 맞으며 탐방해 온 곳이 몇 군데 있다. 이곳 지역보다는 크기가 작지만 다른 지역의 오래된 차나무들은 잘 관리되고 있고 이정표도 잘 되어 있어 부러웠다. 예전에 유행한 개그가 생각이 난다. 우리 연변에서는 지네 한 마리가 용보다 더 커요. 웃자고 한 농담이지만 뼈는 있다.

그나저나 살리려는 자와 가치를 모르는 자 사이의 틈새는 어떻게 좁혀야 할까?

이곳은 전체적으로 경사가 매우 급하고 산 정상 가까이 가지 차나무가 심겨져 있다.

절벽에 가깝고 최소 2만여 평이 넘는다. 방대해서 차신 찾기가 매우 더디고 성가셨다.

경사도가 심해 해빙기, 장마기간이 지나면 뿌리를 드러낸 차신이 많다.

뿌리가 드러나 있는 차신.

얼었던 땅이 녹으면 대부분 작은 바위가 흘러내리고 이런 모습이 보인다.

차신의 키는 50cm이지만 밑동은 굵다. 차꽃이 겨울에도 얼지 않고 있다.

줄기 부분 42cm로 측정

잡나무들과 뒤엉켜 고사되고 있는 차신

탐사 끝나고 나니 초승달이 보였다.

가문의 차신

잎의 종류 : 중엽종 - 청차, 홍차

잎의 형태 : 어긋나기, 톱니가 작고 약 타원형

나무의 수형 : 관상목형, 주 줄기는 튼실하고 굵으나 잔가지와 잎이 무성하다.

나무의 특징 : 수령이 꽤 오래된 차나무들이 많으나 잦은 전지로 잔가지와 잎이 과도하게 핌, 경사가 심해 대부분 뿌리가 드러남.

현재 : 방목

　　가끔 나도 모르게 오만할 때가 있다. 혼자 건방이 하늘을 찌르고 지레짐작으로 아는 척 혼자 다 하다가 '아뿔싸 내가 왜 이래' 혼자 쥐어박고 움찔거리다 후회하기 일쑤다. 이곳 차신을 만나기까지 자승자박 당한 꼴이라니…. 물 아래 동네는 근대에 조성된 차밭이라 고목 차나무가 없을 것이라고 단정 지었고 허투루 찾아볼 맘이 없었다. 물 아래 동네는 지리산에서 내려오는 화개동천과 섬진강이 만나는 화개장터를 기점으로 화개장터 위로는 물 윗동네, 화개장터 아래쪽은 물 아랫동네로 불려 왔다. 물 아랫동네에 속하는 원부춘마을은 아버지의 고향 마을이고 사촌들과 내 큰언니, 큰오빠의 탯자리다. 언니 오빠들이 찻잎을 따러 많이 다녔다는 말을 무심히 듣고 기억에서 버렸다. 차신을 찾게 되면서 다시 언니와 오빠들에게 확인했고 자신감을 가지고 부춘마을을 찾았다.

여덟 살 많은 사촌 언니는 배가 아프거나 열이 나고 고갈증(아마도 당뇨가 있는 사람인 듯)이 있는 부춘마을 사람들은 화개 전통 홍차 잭살과 댓잎, 사금파리를 넣고 푹푹 삶아서 복용했다고 한 말이 불현듯 기억이 났다. 그렇다면 부춘마을에 큰 차신들이 있을 것이라는 큰 기대를 안고 찾아다녔다. 작은아버지가 살았던 밀밭 아래 집터부터 부모님이 사시던 물앵두나무 부근과 계곡 옆 큰 집 집터까지 뒤져도 허탕이었다. 부춘마을 옛 물레방앗간 집에는 아직 6촌 오빠가 살고 계시는데 그 부근을 샅샅이 찾아도 차나무는 찾을 수 없었다. 그렇게 세 번을 원부춘 부터 아래 부춘까지 뒤지고 다녔다.

겨울날 섬진강 부근을 하릴없이 어슬렁거리면 민망할 때가 많았다. 잘 찍지도 못하는 커다란 카메라를 옆에 끼고 산과 들을 쏘다니다 보면 겨울 잡초를 매는 어르신들이나 선후배를 종종 만나게 된다. 할 일 없이 쏘다니는 것 같아 머쓱했다. 디지털 카메라는 큰 나무를 속속들이 찍기에는 사진의 '사'자도 모르는 사람에게 불편하고 무겁기만 했다. 그래서 모바일과 디카를 번갈아 가면서 사진을 찍었다. 시골 분들에게 카메라를 들고 다니는 것은 괜히 미안하고 부끄러운 일은 틀림없다. 다들 일하는데 이곳 사투리로 보골 채우는 것도 아니고 배 따뜻하다고 자랑하는 것 같아 좀 그랬다. 암튼 읍내 볼일을 보러 가면서 지인분이 운영하는 펜션에 차 한잔하러 들르고 싶어 마을 지름길로 들어서는데 어르신 한 분이 차밭에 두엄을 내리고 계셨다. 차밭은 넓고 차나무는 빽빽했지만, 고목은 없을 걸로 짐작하고 차를 세워 어르신께 인사를 드렸다. 차 농사에 대한 얘길 주고받으며 이런저런 말이 오고 갔다. 대화가 끝나갈 즈음 지나가는 말로 "어르신 혹시 이곳에 오래된 차나무가 있을까요?" 하고 여쭈니 물어봐 주길 기다렸다는 듯이 말문이 터지셨다.

"내 나이가 일흔네 살인데 스무 살부터 차나무를 심었지. 우리 할아버지가 살아계시면 120세가 넘는데 그때 약으로 끓여 먹었다고 들었고 나도 이곳 주변에 차나무를 심기 시작했지…. 저쪽으로 가면 오래된 차나무가 있을랑가 모르겠네."

그 말씀에 자신감을 가지고 찾기 시작했다. 경사가 심해 미끄러워 몸은 넘어지고 난리였다. 보기보다 차밭이 넓어서 해가 지니 추워지기 시작했다. 이 차밭 역시 티백 차 위주 생산이다 보니 차나무가 모두 잘록하고 키가 작았다. 그래도 포기하지 않고 120년 전의 할아버지가 찻잎을 따셨다는 차나무를 열심히 찾았다. 그럭저럭 직경 20cm 넘는 차나무를 서너 그루 찾고 돌아 나오는데 높은 언덕에 큰 바위가 눈에 띄었다. 큰 바위다! 바위 옆에는 큰 차나무가 존재한다는 것은 정석이다. 그것은 1년 넘게 차신을 찾아다닌 촉이다. 이럴 때는 내가 점쟁이고 신이다. 나도 모르게 공중 부양하듯 뛰면서 머릿속은 온갖 상상의 범벅이었다. 역시 큰 차나무가 있다. 바위가 지켜 주어 차나무가 버텨온 산수의 정답 같은 기막힌 정석. 차신답게 마른 차꽃과 차씨가 주렁주렁했다. 큰 돌 틈에서 어찌 뿌리를 내렸을까? 수령은 얼만지 높이는 얼마쯤인지 알 필요도 없었다. 화개의 차는 물 윗동네에만 한정된 것이 아니었고 화개면 전체에 차 농사가 성했다는 것이다. 물 아래 동네에서 차신을 발견한 그 자체가 증명이다. 또한 근대에 심어진 차나무도 그냥 산과 밭을 일궈서 파종한 것이 아니라 예부터 있던 차나무 주변에 조성한 것이다. 개인적인 생각을 덧붙여 보자면 차나무를 모두 베어 없앴던 당시에도 차는 약으로 여겼던 터라 집집마다 몰래 몇 그루는 남겨 두지 않았을까 하는 추측이다.

몇 달이 지났는데도 어르신의 차밭이 궁금해졌다. 날이 어두워 제대로 차신을 찾지 못한 아쉬움에 좀이 쑤셨다. 찻잎마술에 오는 손님들을 돌려보내고 달려갔다. 두 시간은 여유가 있다. 그렇게 찾기 시작했다. 경사는 심하고 나무 높이도 똑같이 전지하여 품종도 비슷해서 이마를 땅에 맞대어 나무 꽁지를 확인해야만 가능해서 여간 고통스러운 작업이 아니었다. 머리를 숙일 때마다 피가 거꾸로 솟는 느낌이다. 그런 고통을 느끼며 한 그루 발견하면 또 한 그루 발견하고 또 발견하고…. 너무 흥분되어 정신없이 머리를 땅에 처박은 지경에 이르렀고 엉덩이는 하늘과 키 재기를 하느라 우리만큼 바쁘고 이마는 밤송이와 부딪혀 가시가 박혔는데도 아픈 줄 몰랐다. 이곳은 보물 상자였다. 찾으면 또 보이는 숨은 보물 상자. 댓 그루를 찾고 난 후 사진을 찍으려 보니 방금 찾은 나무를 찾을 수가 없다. 비슷한 지형에 비슷한 크기가 안겨 준 혼돈이었다. 다시 한 그루 한 그루를 어렵게 찾아서 사진을 찍었다. 찾으면 찾는 대로 또 차신이 존재하는 마술의 밭이다. 그러나 그 기분만으로도 충분했다. 겨울이 오면 꼭 어르신을 만나 다담(茶談)을 나누고 싶다.

일제 강점기 이전부터 있었던 차신의 겨울 모습

봄이지만 찻잎은 무성하지 못하다.

밑동은 여러 줄기지만 잔가지가 없다.

차신의 속모습

초여름 전체 풍경

찻잎이 마삭줄 잎과 혼성이 되어 있다.

변이종 새순 나는 모습이 이채롭다.

뿌리와 줄기가의 경계가 모호하지만 짙은 갈색이 뿌리다.

40년생과 굵기가 비교된다.

매우 굵은 한 뿌리에서 여러 줄기가 생성

가까이에서 보면 위태위태하다.

굵은 외줄기의 차나무 수형이 정원수 같다.

한 뿌리에서 굵은 줄기와 가는 줄기가
마삭줄에 얽혀 있다.

가까이에서 보면
오른쪽 가지의 밑둥이 매우 굵다.

여름 오후 차신도 한가롭게 보인다.

뿌리 부분보다 하층 시작점이 두꺼운 역삼각형 형태의 차신

3

———

자생

(自生)

Growing wild

3-1

호랑이 쉼터

잎의 종류 : 중엽종 - 덖음차, 황차, 청차, 홍차

잎의 형태 : 모여나기도 어긋나기도 함. 톱니와 잎맥이 선명

나무의 수형 : 밑동에서부터 10여 줄기가 생성되어 물결무늬로 자람, 높이는 3m 이상 각
줄기의 중층 둘레 20cm 전후

나무의 특징 : 바위 밑에 뿌리를 두어 실질적인 치수를 잴 수 없으나 기대 이상.

현재 : 방치

호동골은 익숙한 마을이다. 이 차밭 주인은 20여 년 전 이곳 화개에 터를 잡아 여우보다 이쁜 아내를 맞이하고 토끼만큼 꼬물거리는 딸들을 키우며 살고 있다. 호동골을 들락거린 인연도 20년이 넘었으니 짧지 않다. 차신에 그리 관심도 없었을 때 현재의 차 숲 주인집 뒤로 산책을 가 보면 호동골에는 해묵은 차나무가 많다는 것을 알고 있었으니 안 가 볼 수가 없다. 까치설날 명절 음식을 하다 말고 온몸에 기름 냄새와 온갖 전 냄새를 묻힌 채 한 시간만 돌고 오자며 집을 나섰다.

호동골 야생차밭은 너무 넓어서 혼자 관리하기란 밤하늘의 별을 따는 것만큼이나 힘들다. 날 것의 차밭에서 가파른 지형에 멋대로 자란 나무는 한 잎 딸 때마다 에너지가 달릴 지경이다. 골이 깊을수록 차가 돋는 봄이면 바람결에 초록이 우수수 달려

와도 찻잎 따는 일은 버겁다. 일반 재배차보다 수확량이 확연히 적다. 계곡으로 방향을 잡고 올라가도 도통 고목은 보이지 않았다. 겨울 해는 뉘엿거리고 귀는 시리고 경사가 급하니 걸어가기보다 기어갔다. 경험상 같은 위도라도 인위적으로 심지 않는 한 계곡 왼쪽에 야생차가 많다. 어디든 그렇다. 지는 해보다 뜨는 해를 좋아한다는 방증이다. 차나무는 물을 좋아하여 계곡 주변에 어김없이 많이 존재하는데 이곳도 예외는 아니다. 줄기는 굵지 않고 직경이 2~3cm 되는 야생차가 바위틈이나 잡목 아래 이리저리 박혀(?) 있다시피 하는 그야말로 뒤죽박죽이다. 야생차의 멋과 맛이 여기에서 나온다. 주인 닮은 차밭이다.

마침 차 숲 중간 지점에서 이른 고로쇠수액을 받아 내려오는 주인과 만났다. 차나무 전지에 관해서 짧은 대화를 나눴다. 왜 아래쪽 차나무를 짧게 베었는지 나무라니 주인도 그제야 후회가 된다고 했다. 내가 손으로만 차나무 전지작업을 했을 때 30대의 호기로 어렸기 때문에 가능했다. 가지치기 작업 기간도 7월 장마가 적기다. 잡풀이 덜 나고 차밭 관리가 몇 배는 수월해서 차밭 풀매기는 1년에 한두 번만 가볍게 해 주면 된다. 찻잎 수확도 빠르고 찻잎의 개체 수가 풍성해진다. 5, 6월 이른 전지는 장마와 여름에 웃자란 가지에서 난 찻잎이 겨울에 쇠어 버려 수확이 늦어진다. 쓸데없이 노동의 소모만 많을 뿐이다. 차나무 전지를 전문적으로 하는 사람들은 대부분 50cm 이하로 차나무를 잘라 버리는데 그 방식은 차나무 입장에서 고문이나 다름없다. 그리되면 차나무는 충분한 광합성작용도 안 되고 뿌리에 영양분이 제대로 내려가지 않아 잔가지만 많이 생기고 차나무의 생명주기는 짧아지게 된다. 또 잡풀이 차나무를 덮어 풀 작업은 1년에 최소 3번 이상은 해 주어야 하는데 100년 이후 차나무의 미래를 상상하면 최소 70cm 이상 남겨 두어 잎맥이 두텁고 생명을 지속할 수 있는 환경을 만들어 주는 것도 과제다.

길이 없는 야생의 차밭을 이리저리 살피면서 삼십 분 정도 올라가서야 숨어 있는 차신 한그루를 만났다. 혼자 바위틈에서 팔목만 한 줄기를 내어놓고 있었다. 날은 어두워지는데 감격에 겨워 부엽토를 살살 긁어 밑동을 재어 보니 감탄만 나올 뿐이다. 그냥 지나칠 법한 자리에 있는 이 차신은 잘 보아야 보이는, 이상하게 숨어 있다. 고로쇠 물을 받으러 가는 길옆에 나 있긴 한데 찾았다기보다는 보였다고 하는 편이 맞는 말이다. 사람들 눈에 잘 뜨이지 않으나 관심 있는 사람에게만 슬쩍 보여 주는 식이다. 차나무를 깔고 앉은 바위는 호랑이가 쉬어 갔을 듯하다. 오솔길도 있고 계곡도 있고 쉬기 좋은 바위도 있다. 그곳의 차신은 오랜 지기처럼 감동이다.

바위틈에서 야생마처럼 뿌리를 내리고 숨어 있다. 어른의 팔뚝처럼 생겨 힘자랑하려 애쓰는 듯하다. 어찌나 탄력성 있게 보이는지 금방이라도 꿈틀거리며 하늘로 오를 것 같다. 이런 차밭에서 주인의 하루가 어떻게 금방 가는지 짐작이 간다. 우리도 이런 야생차 지역을 살펴보노라면 시간이 모자란다. 겨울 해가 짧아 앞이 제대로 보이지 않아 하산하는 길이 어려웠다. 발목도 살짝 삐고 고도가 높아 찬바람이 세찼다.

5월이 왔다. 호동골을 찾았다. 차밭 주인은 비가 온다고 감나무 주변을 정리 중이었고 올해 차는 많이 했냐고 물으니 오전에 1kg 따서 오후에 작업한다고 했다. 그 넓은 차밭에 고작 1kg이라니 싶지만 입산을 해 보면 충분히 이해가 간다. 동생 같은 주인의 푸념이 이어졌다. 작년에 가지치기 작업한 차나무가 짧으니 차 따기가 힘들어서 혼났단다. 더욱이 잡풀이 짖어서 키 작은 차나무를 벌써 덮어 버렸다고 불맨소리를 해 댔다. 숨어 있던 찔레나무도 올라오고 팽나무도 올라오고 이대로 두면 차나무 대신 잡목 숲이 될 것 같다는 푸념이 귓등으로 들리지 않는 것은 경험이 알게 해 줬다.

그렇게 내가 뭐랬나? 차나무는 전지를 높게 하라고 했잖나?

봄 날 차신 찾아가는 길. 온갖 잡나무들이 많아 수목원에 온 느낌이다.
가파르고 바위로 이루어진 야생차밭이다.

다래순에 칭칭 감긴 차신의 상층. 언덕 아래에 있다.

줄기가 상당히 튼튼하다.

중층은 고사된 줄기가 있다.

높이가 상당하며 응달의 바위 속에서 자라 줄기의 반은 고사되고 잎이 몇개 보이지 않는다.

송충이가 찻잎을 갉아 먹고 있다. 환경에 의해 햇빛이 적어 타닌 성분이 적어
쓴 맛이 덜하기 때문 아닌가 생각한다.

이끼 낀 차신의 뿌리와 잡목의 뿌리들이 엉켜 있다.

분명 나무는 모두 살아 있는데 잎을 보기가 어렵다. 아마 송충이가 갉아 먹은 듯하다.

계곡에 잡목과 함께 자라고 있는 차신. 가지 끝에 겨우 찻잎이 피었다. 그렇지만 나무는 살아 있다.

어마어마한 차신의 겉모습. 찔레와 덩굴식물로 덮여 있다.

밑둥을 보면 어마어마한 반전이 일어난다. 전체가 한 나무다.

끝없이 웨이브를 만들며 커 가는 차신

오른쪽에서 난 줄기들. 두시 방향으로 누워서 자라기도 한다.

오른쪽에 난 줄기와 밑동

내부에서 촬영한 모습

왼쪽 줄기의 밑동 모습

밑동의 형태와 옹이가 이채롭다.

말라서 붙어 있는 차씨가 드물게 하나만 발견.
아무리 큰 고목이라도 그늘에서 자라는 차나무에는 꽃과 씨가 없다.

줄기가 고사된 것과 살아 있는 것이 공존하고 새순이 나면 묵은 찻잎은 떨어진다.

수령이나 둘레를 측정할 수 없을 만큼 굵다. 고사된 가지도 있다.

고사된 가지와 옹이가 있는 걸로 보아 수령이 상당함을 가늠할 수 있다.

두 줄기처럼 보이나 한 줄기에서 두 가지로 뻗었다. 상층은 고사되고 줄기가 거의 없다.

3-2

여문 상처

잎의 종류 : 중엽종 – 청차, 황차, 홍차
잎의 형태 : 어긋나기, 잎맥이 뚜렷, 길쭉하며 마지막 세 잎은 돌려나기 모양.
나무의 수형 : 밑동에서 15여 개의 물결모양의 줄기가 생성. 상층은 잎이 무성하고 외형
　　　　　　은 둥글게 정원수처럼 보임, 3m 높이
나무의 특징 : 옹이가 많고 전체적으로 줄기의 하층, 중층, 상층의 두께가 비슷하다.
현재 : 방치

우리는 맥전마을을 미라태라고 부른다. 예전에는 미라암이라는 암자도 있었다. 밀알태를 미라태로 부르게 되고 한자로 맥전이라고 부른 것이 아닌가 하는 추측을 해 볼 뿐이다. 야생진드기까지 물린 와중에 또 세 그루의 차신을 찾았다. 맥전은 차신들의 노다지가 확실하다. 차신이 되기까지 공통점은 한 가지뿐이다. 위험해서 사람 손이 닿기 힘든 곳, 길이 없어 인적이 드문 곳, 산불이 나도 큰 바위가 대피소 역할을 해 주는 곳 등이다.

약간 어긋나게 마주 보는 모암마을엔 보리암이 있었다. 탐사를 다니다 보니 미라암과 보리암을 중심으로 차 농사의 부흥이 이루어지지 않았나 하는 짐작을 해 본다. 아무리 불교를 탄압하고 차를 터부시했어도 사찰 중심으로 차를 마시고 차나무가

번식했을 가능성이 크다. 차신 탐사를 다녀 보니 미라암과 보리암이 있었던 곳에 차신의 존재가 가장 많다. 일제 강점기 이전까지는 지금처럼 많은 다농들이 차 농사를 짓고 찻잎을 따서 차를 덖고 비볐을 것이다. 이후부터 근대까지 맥이 끊겼다가 근대에 들어서서 차가 다시 부흥기에 접어들고 땟거리만 중요한 것이 아니라 문화적 음료도 필요하다는 것을 알게 되면서 부활한 셈이다. 전쟁과 억압을 시간을 견디고 숲속 어딘가에 용케 살아남은 차신들에게 지나는 바람 편에 박수를 보낸다.

이곳의 차신들도 예외는 아니다. 바위 아래 언덕에 두 그루가 웅장하게 뻗어 있다. 바로 2m 부근에 비스듬하긴 하나 완만한 땅에 잘 다듬어진 차밭이 있음에도 두 그루의 차신은 관리가 되지 않아 주변에 찔레나무며 잡나무가 무성하다. 내려가는 길 역시 난간에 바위가 버티고 있어 너무 옹색하다. 명당자리가 아닐수록 차나무의 수명이 길어진다는 것은 우리가 터득한 진리다. 차나무가 굵지는 않지만 매우 웅장하다. 여태 발견한 차신 중 가장 줄기가 많은 나무였다. 수형은 비길 데가 없을 만큼 내면이 깊어 보이는 까닭은 옹이가 많아서일까? 말 못 하는 나무에서 옹이가 많다는 것은 살아 있는 가지를 베어 버려서 생긴 아픔의 흔적이다. 먼 과거에 누군가 나뭇가지를 잘라 버렸고 상처를 받으면 사람의 감정도 마르듯이 나무의 상처도 갈라지고 마르면서 옹이가 생기는 것이다. 그걸 바라보며 만져 보는 우리에게도 상처가 옮아 왔다. 그리고 우리도 아팠다. 상처가 아물어 옹이가 되었으니 그 또한 대견한 일이다.

고대 중국에 농사만 짓는 머슴이 쓴 전설적인 농사 교본이 있다. 주관지서(周官之書)라는 자료를 보면 짧게 차나무에 관한 언급이 있는데 언뜻 본 기억이 되살아난다. '차나무는 밀식과 전지를 하지 않아야만 잘 결실한다'고 했다. 그러나 지금은 애처로울 정도로 전지를 하고 빽빽하게 심어 버리니 애통한 마음이다. 경험상 차나무는 높이를 70cm 이하로 전지를 하면 광합성작용도 제대로 되지 않을 뿐더러 하층부터 잔가지와 잎이 생성되어 뿌리까지 영양이 미치지 못하며 차 맛도 그럭저럭할 뿐이다. 중요한 것은 차나무의 수명이 짧아진다.

과거에 5년 정도 차나무를 직접 손전지를 한 적이 있다. 전문가들에게 맡겨 기계전지를 해 보니 땅에서부터 40~50cm 높이만 남기고 잘라 버렸다. 아무리 부탁을 해도 그들만의 고집이 있어 수년이 지나도 말이 먹히지 않았다. 나도 한 고집 하는 사람이 아니던가? 시작이 어렵지, 마음을 먹으니 임대 포함 3,000평 규모의 차밭을 손으로 전지를 시작하면 한 달여 만에 끝났다. 딱 5년을 그렇게 손전지를 했다. 부모님께서 낫으로 전지를 하던 때와 차 맛이 너무 달라서 시도했던 것인데 확실히 차나무 높이에 따라서 차 맛이 많이 좌우되었다. 여기서 '한 달 만에 전지를 마쳤다'가 아니고 '거의 마쳤다'라고 한 것은 한 가지 사건이 있고 난 이후로 진저리가 나서 손전지를 그만두었기 때문이다.

차나무는 탄성이 좋아서 잘 부러지지 않고 휘어지는 습성이 있다. 그래서 무릎이나 종아리, 허벅지에 차나무 가지가 걸려 튕겨 나갔다가 다시 몸에 부딪히면 그 아픔은 당해 본 사람만 안다. 탄성이 좋다는 것은 나무의 심도와 밀도가 높다는 뜻이다. 톱질해도 다른 잡나무에 비해 힘이 많이 들어간다. 그런 나무를 손전지를 했으니 손바닥에 물집은 예사였고 팔꿈치의 근육통은 표현하기가 어렵다. 차나무의 전지는 7월이 가장 좋다. 7월은 장마 기간이다. 장마 기간에는 시원하여 일하기에 좋다. 차라리 비를 맞고 일을 하면 시원함도 있다. 장마라 해도 24시간 한 달 내내 지속되는 것이 아니라 내렸다 그쳤다 반복하기 때문에 가능하면 비가 그치면 전지를 했고 이슬비 정도는 맞으며 일을 했다.

하루 정도만 하면 전지가 끝나는 날 비가 그치는 듯하여 이른 점심을 먹고 차밭으로 갔다. 햇볕도 구름 사이를 왔다 갔다 하고 어찌 그리 후텁지근하던지 짜증이 밀고 올라왔지만 몇 평만 더하면 되는데 싶어서 있는 두 팔에 힘을 잔뜩 주고 긴 전지가위를 오므렸다. 순간 차나무 가지와 함께 절반으로 뚝 잘린 뱀이 전지가위 한가운데 끼어 있었다. 너무 놀라 전지가위를 던져 버리고 도망을 쳤다. 눈앞에서 벌어진 그 풍경은 지금 생각해도 진저리가 난다. 피부로 숨을 쉬는 뱀이 긴 장마에 차나무에 올라와서 몸을 말리다가 미처 피하지 못하고 빠른 전지가위 움직임에 반으로 뚝 잘려 버린 것이다. 끔찍했던 그 작은 사건은 트라우마가 되었고 뱀이 잘렸던 차나무 근처에는 3년 정도 아예 가지도 않았고 차나무 손전지도 그만두었다.

결론은 건강한 차나무는 밀식을 피하고 전지는 최소한으로 해야 한다는 것이다.

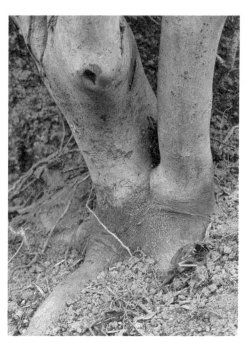

농로정리를 하면서 살려둔 차신의 왼쪽　　　　　　하층과 뿌리

정면에서 보면 조형물 같다.

잡나무 속에 있는 거대한 차신

많은 줄기와 키가 커서 한꺼번에 사진을
찍을 수 없었다. 상층 일부.

중층

하층

경사진 언덕 아래에서 발견한 수형이 웅장한 차신

언덕 아래에서 본 모습인데 매우 거대하다.

내부 모습이 기기묘묘하다.

차신의 왼쪽 내부. 줄가마다 매력이 넘친다.

하층과 중층의 뒷모습. 커서 한 번에 사진을 못 찍는다.

에벌레처럼 생긴 차신의 옹이

3-3

유일무이 암차랍니다

잎의 종류 : 소엽종 - 청차

잎의 형태 : 초엽 돌려나기, 세 번째 잎부터 어긋나기, 둥근형

나무의 수형 : 자유롭게 가지를 뻗음.

나무의 특징 : 갈라진 바위틈에서 자라는 진짜 암차, 가지에 노랑 곰팡이가 낌.

현재 : 자생

차신 중에 최고를 꼽으라고 하면 망설여질 수밖에 없다. 모두 생명을 지니고 있다는 것만으로 귀하며 최고다. 잠을 자다가도 차신들의 모습이 한 장면씩 아른거리고 장소를 머릿속에 입력하고 특징을 외우다가도 벌떡 일어나 메모를 하다 보면 잠을 잊기 일쑤였다. 그동안 찾은 차신들은 말로 글로 사진으로도 표현이 안 된다. 우리들의 자질이 안 돼서 그렇긴 하다. 이곳 전체는 차나무 보호 존(zone)으로 지정해도 손색없는 곳으로 생각하는 이유는 탐사하는 곳마다 한두 그루의 차신이 존재한다는 것이다. 흠잡을 데가 없다. 그리고 다농들이 보존을 잘하고 관리를 하는 것도 특징이다. 그래서 차나무 보호 존으로 지정했으면 하는 바람이다. 마을 자체가 트래킹코스도 잘 되어 있고 아직은 어린 가로수도 심겨 있다. 화개동천을 보며 걸을 수 있어 설렘이 충분한 곳이다. 이 마을에서 차신을 찾기에 더 재미를 붙여 준 것은 민가의 집 앞에도 제법 튼실한 나무가 있다는 것. 하지만 주인들은 그런 나무의 존재를 모

른다는 것 또한 재미다. 그래서 그 차신은 또 싹둑싹둑 잘려져 있다. 그렇듯 설마 하는 곳에 기적 같은 존재들이 있었고 얼마나 굵은 것이냐는 가치를 폄훼하는 것 같아 어떠한 비교도 하지 않기로 했다.

　부처님 말씀에 '천상천하유아독존'이라는 말이 있다. 그런데 이 말이 가끔 왜곡되어 쓰일 때가 있는데 마치 독재자 또는 고집스러운 존재 같다는 뉘앙스로 쓰인다. 사실은 우주에서 나 자신이 가장 귀하고 소중하다는 뜻이다. 이 암차 나무는 스스로가 천상천하유아독존이라는 것을 알고 있을까? 대책이 필요하다. 그의 존재함을 알리고 보호하고 미래를 설계할 수 있어야 하겠다. 이 기적의 나무가 올곧게 생명을 지킬 수 있는 환경을 만들어 줄 수 있을까?

　부정했지만 최고의 차신은 존재했다. 이 차신을 만났다는 것도 이 차신이 존재를 했다는 것도 신의 축복은 우리들 것이었다. 가늘게 벌어진 바위틈에서 얇게 줄기를 뻗어 올린 차나무. 노란 곰팡이까지 피어서 나이가 몇 살인지 가늠할 수도 없고 소엽종은 확실한데 잎은 그리 풍성하지 못했다. 어쩜 커다란 바위가 엄마가 되어 키워 냈을지도 모를 일이다. 아무리 들여다봐도 흙 한 톨 보이지 않고 산에서는 흔한 부엽토조차 보이지 않았다. 완벽한 암차(嚴茶)다. 그 암차는 집 몇 채는 됨직한 큰 암석 위에 부엽토가 쌓여 차밭이 된 큰 바위틈에서 자라고 있다. 그것이 다는 아니다. 반석 위의 차밭에도 차신이 있다. 이 또한 다농이 모르고 전지를 완벽하게 해 두었다. 부지런함의 결과물은 늘 깔끔하게 정돈된 차나무였다. 민가 앞의 차신과 암차의 차신은 같은 주인이다. 몇 번의 탐사 끝에 찻잎을 따러 온 주인 부자를 만났다. 익히 안면이 있는 터라 인사를 드리고 암차의 존재를 물으니 모른다고 했다. 고목 차나무에 대해 말씀드리니 놀라워했다. 그래서 암차랑 고목의 찻잎을 따로 따서 청차 형태의 차를 만들면 좋겠다고 전해 드렸다. 그런데 이 산은 차나무만 존재하는 것이 아니다. 매실나무, 돌배나무, 감나무, 밤나무 모두 어마어마한 고목이다. 넓기는 또 왜 그리 넓은지 차밭을 뒤지다가 몸살 나기 좋은 산이었다. 짧게 전지가 되었지만 남자 팔뚝만 한 밑동을 가진 차나무는 부지기수라 오죽했으면 포기를 했을까? 자유자재의 큰 그림을 그릴 수 있는 곳이 아닐까 하는 질문을 던져둔다.

이곳의 유일무이한 암차는 우리들 열정의 심지에 불을 붙인 마침표 없는 사랑이 되었다.

처음 발견 당시 겨울의 소엽종 암차

중엽종과 비교해도 현저히 찻잎의 크기가 작다.

음과 양의 경계에 있는 바위에서 암차가 자라고 있다.

갈라진 큰 바위틈에서 자라고 있는 암차

진정한 암차. 노란 곰팡이가 끼어
마치 페인트칠을 한 것처럼 보인다.

초봄 암차의 모습

저 멀리 반석처럼 생긴 바위 위에 부엽토와 먼지가 쌓여 차밭이 형성되어 있다.

암차가 가는 길

반석 위의 차밭

암차의 상층 모습

암차의 밑동. 생명의 근엄함을 느끼게 한다. 바위에서 이만큼 자라기까지 고생을 많이 했겠다.

소엽종답게 차씨도 매우 작다.

찻잎이 돌려나면서 밀집되어 자란다.

영양분이 없어서인지 새순이 나면서 촉으로 나지 않고 펴져서 나온다.

6월임에도 성장을 멈추었다. 영양부족 탓인 듯하다.

압차에서 바라본 반석 위에 형성된 차밭

귀한 존재와 함께 한컷

암차 주변은 밀림에 가깝다.

흙이라고는 보이지 않고 바위의 영양분을 먹으면서 자라고 있다.

해빙이 되면서 차신의 모습이 드러나고 있다. 암차 옆의 차밭. 초봄.

암차와 마주보고 자라는 반석 위의 차신. 여름.　　　　　줄기의 모습. 여름.

계곡 옆 언덕에 작은 바위가 미끄러지면서 보인 뿌리

손으로 비교한 사진

측면

이곳이 수백 년 전 차밭이었음을 말해 주는 차신들이 무수히 많다.

경사가 많이 져서 그런지 해빙이 되면서 뿌리가 드러난다.

바위 위에서 아슬아슬하게 자라고 있는 차신이며
제일 굵은 원줄기는 고사되었다.

암차에서 바라본 산 아래 풍경

면벽수행

잎의 종류 : 재래 중엽종, 청차, 홍차

잎의 형태 : 1나무; 어긋나기, 잎이 길쭉하고 잎과 잎 사이의 간격도 넓고 중앙 잎맥보다 옆의 잎맥이 더 선명, 톱니는 뚜렷하고 개수가 많다. 2나무; 어긋나기, 찻잎의 색감이 진하고 중엽종이나 잎이 크다.

나무의 수형 : 1나무; 누워서 자람. 2나무; 뿌리가 드러남.

나무의 특징 : 1나무; 뿌리가 가로로 뻗어 줄기의 시발점이 두 군데, 줄기는 위로 자람, 특이함. 2나무; 위로 자람.

현재 : 자생

    가을, 겨울 탐사 이후 매화가 한창일 때 다시 쌍계사 금당 주변과 약사전 뒤 계곡을 찾았다. 어릴 적 오빠들이 과자봉지를 씻어서 찻잎을 따서 담아 왔던 곳이다. 오빠들이 분명히 그곳에 차나무가 가장 많았다고 증언했는데 찾아도 없다. 겨울 어느 날 계곡 언저리에 외로이 있는 한 그루가 차신이 분명해 보여 짧은 다리를 찢고 늘려서 한걸음에 달려가 보니 동백나무였다. 온몸이 긁혀서 그제야 통증이 왔지만 차신 찾기를 포기하지 않고 더 돌다가 내원골로 갔다. 초봄의 풍경에 빠져 눈 호강, 콧바람 호강만 하다가 길을 잃었다. 반달곰 똥인지, 멧돼지 똥인지 산짐승들의 배설물들이 여러 군데서 나뒹굴고 있었다. 멧돼지 똥이 아니라고 확신하는 것은 멧돼지가 다니는 곳은 반질반질하게 길이 나 있기 때문이다. 그들은 대부분 무리 지어 다니다 보니 큰 나무 밑으로도 길이 잘 나 있어 사람이 다니는 길인 줄 알고 혼돈하여 길을 잃기 마련인데 반달곰 길은 다닌 흔적이 거의 나지 않는다. 그래서 겨울잠을 깬 반달곰이 서서히 다니고 있는 건 아닌가 짐작만 했다. 산짐승들은 최고 명당자리에 배설한다고 하는데 정말일까?

산을 헤매도 길을 못 찾아 계곡으로 다시 내려와 원점에서 내원골로 향했다. 서운암 주변 탐색까지 마치고 하산을 했는데 말 그대로 빈 손!! 몇 시간의 헛걸음! 그러나 쌍계사 주변은 나의 영역이다. 눈감고도 다녔던 길이다. 다시 찾자. 그런데 의외의 쉬운 장소에 두 그루가 있다. 물론 방치였다. 관심이 없다기보다는 모른다는 것이 맞을 것이다. 그렇게 부자가 된 듯이 뿌듯함을 가득 안고 사진 몇 커트 찍고 왔다.

5월이 오고 차나무가 얼마나 변했을까 궁금증을 이기지 못해 짬을 내어 가서 보니 다른 모습이다. 차신들은 겨울과 봄과 여름의 모습이 다르다. 사람들이 옷을 갈아입으면 분위기가 다르듯 봄, 여름, 가을, 겨울의 자태가 훨씬 다르다. 언 땅에서 가을에 떨어진 낙엽을 덮고 추위에 떨고 있는 겨울 모습과 겨울에 쌓였던 낙엽이 바람에 날려가고 땅이 해동이 된 초봄의 모습과 온 나무에 봄물이 오르고 새순이 돋는 늦봄과 여름의 자태는 칠면조를 연상시킨다. 수백 그루의 차신들을 한 그루당 최소 세 번은 찾아다녔는데 가장 변화무쌍함을 보였던 곳이 쌍계사 뒤 두 그루였다. 가을 겨울에는 참나무 낙엽 등으로 뿌리가 거의 보이지 않았고 썩은 가지도 보이지 않았다. 그저 외형만 보고 왔었는데 5월에 찾으니 옆으로 뻗은 뿌리가 훤히 드러나고 본 가지는 썩어서 부스러져 있었다. 흙으로 덮어 주어야만 건강하게 생존할 것 같았지만 장비가 없어서 그냥 왔는데 여태 마음이 편치 않다. 마치 만안을 마친 선방 수좌의 면벽수행을 보는 듯 상층은 뭉텅하게 고사하고 없는데 상한 몸은 내원골에서 내려오는 계곡을 향해 있고 엉덩이는 가부좌하고 앉았다. 말없이 나도 합장을 해 본다. 산방이나 속세나 나이 들고 병들면 찾아 주는 이 없고 챙겨주는 이 없는 것은 매한가지 아닌가 싶다. 우리도 늙으면 저렇게 살아가는 건 아닌지 걱정도 된다. 두 번째 나무는 건강한 모습이다. 밑동이 사슴뿔 같다. 노승을 시중하는 중인지 늠름한 모습이다.

차신은 사람들의 귀에는 들리지 않은 소리와 사람들이 헤아리지 못하는 수많은 마음을 알면서도 내려놓고 있다. 우리도 산언저리 늙은 고목의 삶을 닮아가려 한다.

쌍계사 일주문 앞 부처님 오신 날 풍경

봄이 찾아온 쌍계사 주변 계곡

이 계곡 왼편에 차신 두 그루가 있다.

밑동이 사슴뿔 모양의 차신 1

겨울에 본 모습

측면 쪽

잎은 크지만 중엽종이다.

특이하게 옆으로 뿌리가 뻗어 자란다.

뒷면이 매우 크며 사람 엉덩이 모양. 겨울에는 이 부분이 일부만 보였다.

상층 부분에 해당하나 원 줄기는 고사되고 없다.

뿌리에 비해 상층이 매우 튼튼하다. 차씨가 열렸다.

3-5

와불과 동자

잎의 종류 : 재래 중엽종 - 덖음차, 백차
잎의 형태 : 어긋나기, 톱니가 선명하고 잎맥 뚜렷, 잎과 잎 사이 적당.
나무의 수형 : 넘어진 후 누워서 자라는데 중층은 하늘로 자라고 상층은 옆으로 자람.
나무의 특징 : 언덕에 기대어 누워서 자라는 바람에 뿌리 굵기의 측정이 불가하고 수령을
가늠하기조차 힘듦.
현재 : 방치

 소년바구는 마을 지명이다. 칠불사 창건 설화와 연관이 있다. 소년바구의 소년은
문수동자라는 설이 있고 바구는 아시다시피 바위의 사투리이다. 어릴 적에 전해 들
은 구전에 의하면 지금 소년바구 부근에는 기와 만드는 가마가 있었다고 한다. 김수
로왕과 허황후가 일곱 아들을 기리기 위해 칠불사를 불사하는데 이곳 기왓가마에서
사람들이 이고 지고 범왕마을까지 기와를 날랐다. 칠불사의 소재지는 범왕리다. 얼
마나 깊은 숲속에 호랑이가 많았으면 범왕리라는 지명이 됐을까? 그렇게 인력들은
지쳐 가고 맹수에게 당하다 보니 사람들은 기와 나르는 일을 포기하기도 하고 게으
름을 피우기도 하여 이래저래 불사가 늦어졌다고 한다.

 하루는 지금의 소년바구에 작은 소년이 피리를 불고 있었다. 무거운 기와가 힘에

부쳐 있던 사람들이 피리 소리에 기운도 얻고 기분도 명쾌해져 기와를 지고 범왕리에 도착하니 어린 소년은 더 많은 기와를 지고 먼저 와서 피리를 불며 사람들을 기다리고 있었단다. 그렇게 불사 인력들과 문수동자는 서로 격려하며 불사가 완공될 때까지 무탈하게 칠불사는 창건이 되었는데 어린 문수동자는 그만 과로로 쓰러지고 말았다. 이후 문수동자가 앉았던 바위는 소년바구라는 지명이 되었다 전해진다.

소년바구 마을에 어렴풋하긴 한데 포수가 살았던 기억이 난다. 여름날 멱 감으러 갔다가 신작로로 올라서면 삼 칸 집 툇마루에서 긴 총을 닦던 무서운 아저씨가 떠오르는 건 분명 꿈은 아닐 것이다. 또 소년바구에는 아주 유명한 소목장이 있었는데 할머니께서 아들 삼 형제 결혼하면 주려고 똑같은 장롱 4세트를 맞추셨다고 했다. 할머니와 아들 셋은 똑같은 장롱을 가지고 살았던 셈이다. 그중 한 세트는 부모님께서 평생 사용하셨고 지금은 찻잎마술에서 서랍에 온갖 잡동사니들을 넣어 두고 상판은 콘솔 대용으로 사용하고 있다. 간혹 손님들이 탐을 내는데 실제 화려하다. 밤나무에 백동(白銅) 장식이다. 부모님이 내 곁에 숨 쉬고 있는 듯해서 엄마 젖꼭지 만지듯이 오다가다 툭툭 만지며 지나다닌다.

그 포수 아저씨가 살았던 집 뒤에 누워 있는 차신이 있다. 처음 차신을 발견했을 때 아무 기대가 없었다. 마른 며느리밑씻개 풀과 칡넝쿨이 2인용 이불만 하게 뒤엉켜서 덮여 있었고 길이 제대로 없어서 그냥 지나쳤는데 찻잎 같은 것이 뾰족이 보였다. 겨울이라 마른 풀 속에서 묵은 찻잎이 유달리 파릇하게 보였고 언덕을 내려가서 조용히 밑을 보니 차나무였다. 어마어마하다는 표현이 맞을까? 천 볼트쯤 되는 전기에 감전된 느낌이었다. 뿌리는 드러누웠고 누운 뿌리의 중층은 줄기가 하늘로 나고 상층은 누워서 용이 커다란 입을 벌리고 있는 형국이었다. 부처님이 누워 있는 느낌도 들었다. 와불이 아닐까? 그렇게 겨울에 눈도장을 찍고 초봄에 가고 한봄에도 갔는데 볼 때마다 형상이 달랐다. 어쩌면 문수동자께서 나이가 들어 누워 계시는 것은 아닌지. 산사태나 지진으로 차나무가 넘어져서 오랜 시간 누워서 자라게 된 것 같은데 전문가의 긴급 처방이 필요해 보인다. 누워 있는 자리마저 위태위태하다. 올여름에 큰비라도 온다면 피해를 볼지도 모르겠다. 산을 보며 산 너머도 보라고 했다. 미리 대비를 해야 하는데 뾰족한 방법이 없다.

언제부터 넘어졌는지 모른 차신이 매우 거대하다.

차신이 무너진 언덕에 겨우 지탱하고 있어서 관리가 시급하다.

발견 당시 가시덤불에 덮여 있는 차신

4월에 새순이 가시덤불을 비집고 올라오고 있다.

넘어져 자라고 있긴 하나
상층의 줄기 일부는 하늘로 향했다.

하층에 또다시 줄기가 생성되어
위로 자라는 모양

전체모습. 왼쪽 끝에 뿌리가 한없이 땅으로 들어가고 있고
오른쪽 새까만 매실나무와 비교해 보면 두께를 가늠할 수 있다.

상층의 측면

상층 줄기도 두 갈래로 뻗었지만 우람하다.

하층에서 중층을 향해 찍은 모습. 옆에 어린 차나무가 자라고 있다.

왼쪽 땅에 자라는 어린 차나무와 비교해 보면 두께를 짐작할 수 있다.

중층과 상층 부분

3-6

벚꽃의 벗

잎의 종류 : 중엽종, 변이종, 황차, 청차

잎의 형태 : 모여서 어긋나기, 톱니가 거의 없음, 잎맥이 뚜렷하고 잎의 크기도 큰 편

나무의 수형 : 버드나무형

나무의 특징 : 잎을 벌레가 많이 갉아 먹음.

현재 : 방치

쌍계사 십리 벚꽃이 만발할 때면 인터넷이나 여행 잡지에 빠지지 않고 등장하는 벚꽃길 포토존이 있다. 약수터도 보이고 삼신마을도 보이는 자리. 상춘객들이 가장 많이 북적이고 연인들이 사랑 약속을 가장 많이 하는 곳. 그 부근에 돌담 사이에 뿌리를 내린 차나무가 있다. 감나무, 매실나무, 고로쇠나무들에 부대껴서 우람하지도 않고 키만 쓱 자란 모양새다. 벌레들이 찻잎을 아주 난장판으로 만들었다. 아무래도 햇빛을 많이 받을수록 타닌, 카페인, 폴리프로페놀 성분이 적으니 그늘에서 자란 차신은 쓰고 떫은 맛 보다는 감미로운 맛이 더 날 것이니 벌레들의 먹잇감이 될 수도 있겠다. 숨벙숨벙 난 차 이파리가 낯설게 느껴지기도 하고 독해서 벌레들이 먹지 않던 잎을 보니 차나무가 맞나 하는 의구심이 들 정도로 드물게 상처를 많이 입었다. 이곳도 변이종이라 찻잎이 모여나기를 했는데 층을 이루었다. 주변의 큰 나무 정리

만 해 준다면 연구 가치가 있는 차신이 될 감이다.

예전에는 가정마다 가축을 길렀다. 우리 집도 염소랑 돼지를 길렀는데 대부분 자녀 학자금으로 들어가는 돈이라 좀 컸다 싶으면 팔아 버리고 또 새끼를 사서 길렀다. 염소는 식물계의 헐크다. 풀이나 나무의 이파리는 염소가 한 번 훑고 지나가면 남아나는 게 없다. 탐사 다닐 때 가장 힘들게 하는 식물이 찔레나무, 복분자 나무, 산딸기나무다. 이 식물들의 가시는 옷은 기본으로 찢고 옷을 헤집고 들어와서 살갗을 긁어 버린다. 상처 또한 오래가고 흉터는 없어지지 않는다. 지금도 우리들 팔과 다리는 이 식물들의 흉터 자국으로 보기가 흉하다. 오죽하면 염소를 데리고 다니고 싶다고 했을까? 그만큼 염소는 먹지 않는 풀이 없다. 그런 염소가 찻잎은 먹지 않았다.

그런데 요즘은 염소도 찻잎을 먹는다. 우리나라는 사계절이 뚜렷하였고 생찻잎을 씹어 먹으면 첫맛은 매우 쓰고 떫고 두어 시간까지는 단맛이 입 안에서 계속 솟으며 감도는데 요즘 찻잎은 그렇게 행복한 여운을 주지 않는다. 다농들은 차나무만 보면 무의식이든 습관이든 찻잎을 따서 입으로 가져가서 씹어 보는 본능이 있는데 현재는 찻잎이 그리 쓰지도 떫지도 달지도 않다. 이제는 덖음차나 잭살 홍차 이외에 화개 기후에 맞는 다른 제다법이 필요한 시점이 아닐까 생각한다. 지난겨울에는 차나무가 11월 30일부터 3월 30일까지 평균 7cm 정도 자랐다. 차나무는 겨울에도 자란다. 2010년 같이 극히 추워 동사할 지경만 아니면 차나무는 겨울 성장을 멈추지 않는다. 겨울 평균 기온이 영하 3도 이하면 2~3cm 정도의 성장에 그칠 때도 있다. 기후의 변화 탓에 이젠 북방한계선도 불분명해졌고 지구온난화는 우리나라도 예외는 아니어서 20년 넘게 겨울의 차나무 성장 재는 일을 멈춘 적이 없다. 차나무의 겨울은 11월~2월까지이다. 2015년 겨울에는 10cm 넘게 자란 적도 있다.

약성이 좋은 식물은 독성도 강하다고 한다. 그걸 법제하여 중화시키고 화학변화를 일으키게 해서 약성 좋게 만든 것을 약과 차라고 부른다. 한때는 실험정신이 강한 농민들이 염소를 차밭에 방목하기도 했었는데 염소 똥이 발효되면서 냄새가 나고 차 따는 다농들의 신발에도 묻어 적잖은 문제가 생기게 되자 그런 행위도 그만두었다. 그런데 요즘 염소들은 찻잎을 먹는다. 온갖 벌레들이 찻잎을 갉아 먹는다. 송충이도 먹고 노린재도 갉아 먹고 있다. 기후 변화에 따른 성분 변화 때문일까. 특히 2020년 여름은 긴 장마로 여느 해보다 차나무에 벌레들이 기승을 부렸고 겨울을 난 벌레들의 습격은 2021년 봄까지 이어져 유독 응달의 차나무에는 벌레들의 흔적이 많다.

튼튼한 차나무는 햇살을 좋아한다. 차를 사랑하는 우리부터 환경을 바꾸고 생활 습관을 바꾸는 데 앞장서야겠지만 어려운 현실이다. 급변하는 기후를 예방하기란 불가능할 것이고 쉬운 것부터 개념 있는 일상생활을 해야겠다는 다짐이다.

전체 모습. 줄기 하나 둘레가 약 20cm 정도 되는데 세 줄기가 비슷한 두께다.

밑동에서 두 줄기로 형성되었다가 중층에서 곁가지가 생성

하층에서는 바위에 기대어 자라고 상층에서는 햇빛을 향해 뻗는다.

벌레 먹은 찻잎

찻잎 크기 비교. 겨울.

주변 풍경

3-7

무릉도원

잎의 종류 : 중엽종, 청차, 황차,
잎의 형태 : 어긋나기, 가지 끝에 잎이 모여서 나지만 듬성듬성하다.
나무의 수형 : 정원수 형
나무의 특징 : 하층 30cm까지는 외줄기이나 다시 굵은 두 줄기가 생성됨.
현재 : 자생

　화개는 봄이면 소풍하기 적당한 곳이고 여름이면 물놀이하기에 좋으며 가을이면 사색하기 좋은 곳이다. 겨울은 봄을 그리워하지 않아도 될 그리운 맛이 짙은 곳이다. 봄날은 시야가 더 넓어져 철쭉, 산벚나무 등 온갖 식물들이 한눈에 보이고 여름이면 낚싯밥이 없어도 피라미나 은어가 낚싯대에 걸려들 정도다. 놀기 좋고 누워 있기 좋은 적당한 모래와 자갈과 바위가 많고 수영 잘하는 사람이 반기는 물회오리 이는 깊은 소(沼)도 있고 아이들 놀기 좋은 얕은 물도 있다. 화개동천 상류에 속해 물도 깨끗하고 물소리도 유난히 청아하다. 천변에는 야생화와 잡목들이 많아 아이들의 자연 학습에도 도움이 된다.

　봄이면 도화가 지천이고 버들강아지가 탱고를 추는 곳이다. 그런 곳에 지팡이 썩

372　차신

는 줄 모르고 신선놀음에 빠진 차신이 있다. 가파른 언덕을 내려가면 화개동천의 신비가 벗겨지면서 세상 잡념도 떠내려가는 곳. 집채보다 큰 널따란 바위를 오르내리고 걸으며 모래밭에 발자국 찍기를 반복하고 물속에 두 발이 젖어도 시린 줄 모르고 기어이 발견한 차신!! 눈앞의 풍경은 물소리 새소리 바람 소리가 떼로 합창을 하는데 햇빛은 고사하고 서 있는 자리가 위험해서 아슬아슬하다. 차신이 바라보는 풍경만 무릉도원이지 정작 차신은 위험을 무릅쓰고 지탱해 있다. 키는 3m쯤이고 둘레는 주먹보다 조금 넘는 수준이지만 평화에 젖어 있다. 화개동천에서 가장 아름다운 절경을 바라보고 살면 우리도 그럴 수 있겠다. 홍수가 나면 차신도 흠뻑 젖을 정도로 큰물이 지나가는 곳에서 차신은 서 있다. 햇빛조차 안 들어서 찻잎이 유독 듬성듬성 나 있다. 그런데도 건강하게 보인다. 우리도 차신처럼 한동안 그 자리에 서서 무릉도원의 풍광에 빠져 있었다.

집으로 오는 길에 자꾸 뒤돌아보면서 차신에게 여름 홍수에도 잘 견디고 있으라는 메시지를 끝없이 보내 주었다.

화개동천의 전경

차신 찾아 가는 길 1

차신 찾아 가는 길 2

곧 무너질 듯한 차신 옆의 사로로 된 바위. 화개의 토양이 대부분 이 바위와 흡사한 곳이 많다.

화개동천을 바라보고 있는 차신

차신의 겨울 모습

홍수가 지면 하층은 물에 잠긴다.

측면에서 본 중층

주변 풍경

밑동의 봄 모습

밑동의 가을 모습

3-8

차마름

잎의 종류 : 중엽종 - 백차

잎의 형태 : 어긋나기, 한여름에도 잎이 쇠어 버리지 않고 초봄의 차처럼 촉으로 남.

나무의 수형 : 서쪽으로 기울어 자람, 버드나무형

나무의 특징 : 높은 돌담 속에 뿌리를 둠, 처음 발견한 백차 수종

현재 : 자생

7월로 접어들고 점심을 먹고 있는데 가 보지 못한 길이 갑자기 생각나 오후에 길을 나섰다. 임도를 따라 쭉 올라가니 경사가 심해 이런 곳에 차는 다닐 수 있나 싶을 만큼 험했다. 땀은 어지간한 샛강처럼 등줄기를 따라 줄줄 흘렀다. 오기로 계속 걸었다. 중간에 뻐꾹나리, 매미나물꽃, 산수국 등이 흐드러져 그나마 위로를 해 주었다. 먹었던 점심밥은 가쁜 숨에 슬슬 목을 넘어서 다시 기어 올라오고 두 다리는 지팡이가 필요할 정도였다. 서쪽으로 넘어 가는 해를 구름이 잠시 숨겨 주어서 그나마 얼굴은 덜 따가웠다. 으아리꽃 열매가 시계처럼 빙빙 도는 군락지를 지나니 숲속에서 얼음 바람이 불어왔다. 바람이 불어오는 곳으로 고개를 들이미니 원시의 계곡이 나타났다. 얼굴의 땀도 금방 식어 버리고 밀림에 숨어 있는 계곡 앞에서 잠시 몸을 식혔다.

그곳에 서서 본능을 주체 못 하고 머리를 돌려가며 매의 눈으로 주변을 스캔하는데 차마 한 발도 내딛기 힘든 험한 가시덤불 속에 찻잎들이 한둘씩 보였다. 분명 10여 년 전까지는 차 농사를 지었던 것 같은데 지금은 온갖 덤불들이 차나무를 덮고 있고 길은 흔적도 없다. 연장이 필요한 곳이다. 분명 거물 차신이 있을 것 같은 직감! 가을에 다시 탐사하기로 했다. 여름은 잡초와 잡목들의 전성시대다. 감히 대적하려 했다가는 오히려 더 당하게 될 것을 알기에 집념은 알아서 무기력해졌다. 그곳에서부터는 제법 길이 무난해서 능실능실 걷는데 저 멀리 임도 난간에 서 있는 한 그루가 보였다. 돌부리에 넘어져서 등산화는 벗겨지고 왼손은 살짝 피가 나는데 아픈지도 몰랐다. 우리나라에 이런 차나무가 있었다니. 언덕 돌담 속에 있어서 사진 찍기도 어려웠다. 밑동으로 손만 들이밀고 자동으로 찍히게 해서 몇 컷 찍었다.

찻잎의 두께도 해발 300m쯤 되는 곳에 자란 나무치고는 제법 무겁다. 지난가을 여문 꽃과 열매는 시들어 바짝 마른 채 가지에 밀착되어 붙어 있고 올봄에 찻잎을 딴 흔적도 없다. 이런 경우 차 움이 트고 자라기 시작하면서 잎이 쫙 펴지면서 뻣뻣하게 쇠기 마련인데 마치 청명 날 찻잎처럼 촉으로만 올라왔다. 피어나는 모든 새순이 창처럼 뾰족이 올라오고 있었다. 간혹 참새 혓바닥처럼 생긴 모양도 있었는데 펴지지 않고 그대로 혀를 내민 정도다. 여름에 종일 햇살을 받는 자리에서 잎 모양이 펴지지 않고 쇤 잎으로도 자라지 않고 촉만 자라는 경우는 처음 본다. 이런 나무들은 유전자를 보호하고 연구하여 화개에 다양한 차종이 생기길 희망한다.

귀한 차나무다. 백차 만들기에 이만큼 적합한 수종이 있을까? 난 백차 연구를 다양하게 했다. 할머니의 영향이다. 백차가 무엇인지도 모르고 차가 무엇인지도 몰랐던 어린 시절인데 할머니는 한약 재료를 준비한다고 잠시 우리 집에 머무셨다. 그 당시에는 차밭이 제대로 형성되지도 않았고 기후도 3월 말이나 4월 초임에도 겨울을 벗어나지 못해서 가끔 눈도 내렸다. 곡우가 지나도 우전 찻잎을 딸 때 손에 잡히질 않아서 성가셨다. 할머니는 쌍계사에서 불공을 드리고 금당 뒤로 올라 국사암까지 불공을 드리고 내려 올 때는 목압마을 피라미만 한 좁은 샛길을 걸어 쌍계초등학교 아래 옥천계곡 앞에서 걸음을 멈췄다. 그 당시 몇 그루 보이지 않는 차나무가 조릿대와 같이 자라고 있었다. 할머니는 허리춤에 찬 복주머니를 꺼내고 그 안에 든 가제 손수건을 펴서 창처럼 생긴 찻잎을 한 잎 한 잎 따서 올렸다. 딴 찻잎을 가제 손수건에 조심스럽게 싸서 집으로 오면 광목천을 깔고 그 위에 찻잎을 한 잎 한 잎 넣어서 그늘에 말리셨다. 햇빛은 피하고 차를 들고 그늘만 찾아다니셨던 기억이 난다. 그 양이 말 그대로 딱 한 주먹이라 자주 찻잎을 따서 그렇게 말려서 모았다. 마른 차가 어느 정도 양이 차면 '마름질'을 하신다며 광목 주머니에 담았다. 야생차밭에 가서 여러 번 딴 차를 모은 것이라고 하기에는 한 됫박도 채 안 되었다. 그리곤 그것을 깨끗한 아랫목에 은근히 군불을 지펴서 며칠을 뒹굴게 두었다. 생각해 보면 차를 넣어 "마름"을 했던 그것은 광목으로 만든 콩 자루였다. 예전에는 콩 한 말이 들어가는 콩 주머니가 따로 있었던 기억이 난다.

20여 년 전 차(茶) 만드는 일에 몰두하던 어느 날 할머니가 말리던 차가 떠올랐고 그것이 백차 형태였다는 것을 늦게 깨달았다. '마름'이라는 뜻을 몰라 본격적으로 제다를 하면서 국어사전을 찾아보니 '목재나, 기타 일을 마무리하는 행위'라는 것을 알게 되었다. 세계 6대 다류의 분류는 우리 할머니는 그 당시 이곳의 시골 사람들이 쓰는 말만 알 뿐이지 백차라 불렀는지 녹차라 불렀는지는 모르셨으리라 생각이 들고 찻잎은 어떻게 사용하던 약 또는 민간요법에 필요한 재료일 뿐이었을 것이다. 그 이후 난 꾸준히 할머니가 하셨던 그 기억대로 백차를 만들었고 '차마름'을 했다. 우리나라의 차 형태는 부초차, 전통잭살, 백차 등 다양하게 전래되어 왔다는 것을 알 수 있는 대목이다. 참고로 백차에 대한 간단한 자료를 올려 본다.

백차에 대한 애정은 내 할머니의 그림자이자 집착이다.

〈백차의 효능〉
원기 부족 : 아미노산
부종 : 이뇨 작용
간 기능 저하 : 해독작용
여드름 : 해열 작용
피부미용 : 비타민류와 폴리페놀류, 클로로필류의 성분
고열 : 해열 작용
면역력 저하 : 비타민류와 폴리페놀류
독감 : 비타민과 타닌(효과 2시간 후)
구취 : 타닌과 비타민
긴장, 강박 : 테아닌(아미노산 성분)과 에센셜 오일 성분

지방질을 제거하고, 소변을 순조롭게 하며, 장을 깨끗하게 해 준다.
특히 당뇨 환자들에게 아주 적합하며, 여름에 열을 내려 주어
한약재로도 사용한다. 백차는 녹차보다 큰 효능을 가지고 있고

타닌이 풍부함.

⟨백차에 든 타닌 성분의 효능⟩

살균·항균 작용

항산화 작용(노화 방지)

세포막의 콜레스테롤양 조절

혈전 예방

인플루엔자 예방

탈취 작용

구취 제거

백차는 오래 둘수록 좋으며,

맛과 향이 화학변화를 일으켜서 효능효과가 더 좋아짐.

영국 킹스턴대학 연구팀이 새로 발견한 것은

효능효과가 녹차보다 좋다는 것.

이 소식은

1. 미국 – 사이언스 데일리

2. 유럽 – 의학 논문 – 알파 갈릴리

3. 영국 – 바이오메드 센트럴보조 및 대체의학 등에 기고되었음.

차신 찾으러 가는 여름. 골이 참 깊다.

임도 난간의 차신의 상층. 중층, 하층, 밑동은 언덕으로 내려가야만 보인다.

돌 틈바구니에서 차신의 밑동에 이끼가 많다.

차신의 중층   중층 측면의 줄기에 옹이가 박혀 있다.

줄기가 부채살처럼 펼쳐져 있다.

7월의 찻잎이 4월의 우전을 닮았다.

일조량도 풍부한 장소에 돌무더기에서 나는 차신.
여름에도 참새 혓바닥처럼 생긴 찻잎이 나오기란 쉽지 않다.

전체적으로 찻잎이 촉으로 나오면서 솜털도 많다. 백차 만들기에 적합한 찻잎이다.

고목의 특징은 마른 씨와 마른 꽃을 매달고 있다.

3-9

그들의 키스

잎의 종류 : 대엽종 - 청차, 황차

잎의 형태 : 어긋나기, 새순은 약간 둥글게 피다가 잎이 커질수록 길쭉해지며 잎과 잎의
간격이 넓어진다. 중앙 잎맥은 가늘면서 뚜렷하다.

나무의 수형 : 밑동에서 외줄기로 자라다가 상층에서 잎이 무성해지고 잔가지가 늘어남.

나무의 특징 : 햇빛이 겨울에는 2시간 정도 들고 여름에는 큰 나무들에 가려져 간접 햇빛
을 받음. 흙이 거의 없는 계곡 돌숲에 군락을 이룸.

현재 : 자생

불일폭포 오르는 길은 태초의 현상처럼 생긴 큰 바위와 나무가 즐비하고 전설 아닌 자연이 없다. 특히 원숭이 바위라고도 하는 키스바위는 화개 면민들에게만 알려진 바위다. 커다란 바위의 형체는 남녀가 키스하는 듯한 모습인데 실제로 연인이 키스하고 있는 모습을 묘사한 드로잉 같다. 키스바위 주변은 고백을 주고받기에도 풍경이 예사롭지 않다. 화개장터에서부터 용강마을 찻잎마술까지를 '쌍계사 십리벚꽃길'이라 한다. 남녀가 벚꽃이 필 때 그 길을 걸으면 혼인에 이르고 검은 머리가 하얗게 되도록 잘 산다고 해서 혼례길이라고도 부른다. 쌍계사 십리벚꽃길을 걷고 키스바위 앞에서 서로 사랑의 맹세를 한다면 부부가 돼서 무병장수는 물론 백년해로할 것 같은 마고 할머니의 강력한 메시지는 아닐까?

40, 50년 전에는 잡목들이 지금처럼 차밭을 덮어 버릴 만큼 무성하지 않았고 차나무도 많았다. 초중 때 불일평전은 소풍 장소여서 차나무도 많이 봤고 오빠들은 야생 차밭에서 찻잎을 따서 용돈벌이를 했다. 1990년대 후반 목압마을에 터를 잡았을 때 6월이면 찻잎을 따고, 10월이면 야생 차나무의 차씨와 차꽃을 따러 다녔던 적이 있다. 고향으로 귀농은 했는데 다른 일은 잘하는 것도 없고 배운 것도 없어 친정어머니가 차를 덖을 때면 도와주고 가르침을 받고 했던 것을 기준으로 삼아 차 덖는 일을 시작하였다. 차밭도 없고 공간도 제대로 없어 야생 찻잎을 따서 차를 비볐다. 4, 5월은 찻잎을 사서 차를 덖었고 6월이 오면 불일의 찻잎을 땄고 잭살을 비볐다. 불일의 찻잎은 6월이 되어서야 제대로 수확을 할 수 있을 정도가 되었다. 수년 동안 6월이면 이곳 차나무 잎을 훑으러 다니는 일이 차를 만드는 즐거움 중의 하나였다. 국사암 사천왕수를 지나 진달래와 철쭉 숲에 올라서면 진감선사 부도비가 있고 200여 미터만 올라가면 젓가락보다 가늘고 숟가락 높이만 한 야생 차나무들이 듬성듬성 나 있었다. 그런 어린나무에 씨앗과 꽃이 제대로 보일 리 만무했지만, 열심히 찾다 보면 서너 알 정도의 차씨는 어찌어찌 손에 쥘 수 있었다. 어쩌다 차꽃은 보여도 따질 못하고 향기만 맡고 돌아오곤 했다. 키스바위 아래 부근은 유독 차나무가 밀집되어 있는데 제법 키가 크고 손가락 굵기만 했다. 그렇게 차씨를 따다가 집 마당에 울타리 삼아 심었고 이사 후 관심도 멀어졌다. 이후 부모님이 경작하던 차밭을 물려받고 욕심을 내어 몇천 평 임대를 내어 차의 양을 늘려 가다 보니 소홀해질 수밖에 없었고 야생차밭도 잊혀져 갔다.

탐사를 가장 늦게 찾아 나선 곳이 키스바위 부근이었다. 그곳의 여건이 어떤지 대강 알기 때문에 지레 겁부터 났고 시간도 여의치 않아 차일피일 미뤘다. 가을 탐사

이후 겨울은 빼먹고 봄이 되어서야 찾았다. 국사암과 진감선사부도비 부근에 진달래가 흐드러지게 피었던 날 날씨까지 화창했다. 가을에 왔을 때는 20년 전 그때 굵직하다고 여겼던 댓 그루의 고목들이 보이질 않았다. 새끼손가락 두께의 나무들만 오밀조밀 모여 있었다. 몇 나무를 찾긴 했는데 애매했다. 그러다 지네봉 방향으로 몸을 틀어서 기어가다시피 가서 보니 구상나무와 함께 머릿속에 존재하던 20년 전의 그 나무를 찾았다. 애석하게도 그 당시나 지금이나 차나무는 크게 자라지 못했다. 더 바란다면 욕심이다.

아랫마을은 해가 중천이고 참나무나 토종밤나무에 아직도 싹이 트지 않아 빈 가지만 있는데도 이곳은 해가 들지 않았다. 그러니 차나무가 성장을 제대로 할 리 만무하다. 큰 바위 작은 바위를 넘고 칡 줄기를 타고 구상나무를 붙잡고 다녀 봤기만 쉽지 않았다. 불일로 가는 길은 구상나무 일색이다. 큰 잡목들 아래에 자잘한 나무들은 대부분 차나무와 구상나무들이 자리 잡고 있다. 흙보다는 돌이 많은 지역이다. 차나무가 존재한다는 것이 오히려 애달프다. 찬란한 봄날에 봄빛 샤워도 못 하는데 무슨 기운으로 자랄까⋯. 차신을 찾아다니면서 높이를 측정하고 밑동에 줄자를 대고 수령을 가늠하는 것이 죄책감이 들 만큼 불일의 차신은 존재함 자체가 기적이다. 햇살 한 줌 받을 수 없어 광합성작용도 제대로 안 되는 곳에서 지대조차 높아서 기온이 따뜻한 곳도 아닌 곳에서 둘레 10cm 이상 자란다는 건 차신의 완벽한 승리다. 불일 차신을 찾은 후 탐사를 다닐 때마다 들고 다니던 줄자를 버렸다. 비교는 똑같은 환경, 똑같은 기후에서 해야 맞는 것이다. 양지와 음지, 산과 논, 기온의 차이 등등 다양한 환경에 맞게 자라온 차신들을 비교하는 것은 합당하지 않았다.

화개의 풍속에는 결혼하기 전 신랑집에서 신붓집으로 채단과 예물을 보낼 때 차와 차씨를 넣어서 보냈다. 그것을 봉차(封茶)라고 했다. 결혼할 때 맞추는 시루떡을 봉치떡, 봉채떡이라고 하는데 봉차에서 유래했다. 또 차례라는 말도 화개 처자가 혼례 후 시댁에 가서 조상과 시어른들께 처음 차를 올리며 예를 하는 의식에서 생겨났다. 차나무는 옮기면 죽는 기질이 있기에 정절을 지킨다는 의미와 씨앗이 무성하여 자손번창을 바라는 기도였다. 곧 딸아이가 결혼한다. 마침 10월이라 차꽃과 차씨가 한창일 때다. 꽃과 씨, 하동의 전통주이자 혼례주인 차꽃주를 준비하여 사돈댁에 보내려 한다. 우리의 미풍양속이니까. 또한 처음 사랑을 시작하는 연인들의 첫 키스가 혼례로 귀결되어 잘 살기 바라는 맘을 우주에 띄운다.

야생차 밭 주변 키스바위

어린 야생차가 자생 중

야생차밭 가는 길은 진달래와 철쭉의 군락지를 지난다.

야생차밭으로 가는 샛길에 어린 차나무들이 산죽과 함께 자라고 있다.

차신 발견 당시 가을 풍경. 12월 초.

상층의 줄기가 생명력이 있어 보인다. 2월.

밑동에 수많은 줄기가 다닥다닥 붙어서 자랐다. 2월.

내부에서 찍은 모습인데 햇빛을 못 받고 자라도 비교적 건강하다.

키다리 차신

여러 줄기가 맘대로 뻗어 자라고 있다.

최악의 환경에서 부러지고 찢어지고 난리다.

원 줄기는 고사되고
새 줄기가 힘차게 자라고 있다.

가을 낙엽에 덮인 차신이 햇빛을 향해
옆으로 자라고 있다.

다래나무와 구상나무가 있는 야생차밭

깊은 산속인데 3월에 햇찻잎이 나오고 있다. 대엽종.

굵지 않으나 밀림이다시피한 곳에서 자라는 것을 감안하면 수령이 오래되었음을 알 수 있다.

햇볕이 거의 들지 않는 응달에서 자라는 차신

차씨 껍질에 매달려 찻잎이 나고 있고 움도 트고 있다.

전체 모습

뒤편 줄기를 자세히 보면 홍수 때 떠내려 가던 낙엽이 걸려 있다.
홍수가 나면 몸 전체가 물에 휩쓸리는 계곡 한가운데 있다.

이곳 야생차나무에서는 매우 드물게 차씨가 맺혔다.
햇빛이 들지 않아 꽃과 씨앗이 열리지 않는다.

지대가 높고 응달이어도 이만하면 잘 자랐다.

야생차밭이 있는 계곡 풍경

4

군락

(群落)

Colony

4-1

지리산 드렁칡 되어

잎의 종류 : 중엽종 - 홍차, 청차
잎의 형태 : 어긋나기, 대부분 길쭉한 편, 잎맥이 뚜렷하지만, 잎의 외쪽 톱니는 선명하지
않음.
나무의 수형 : 여러 형태, 대부분 밑동에서 여러 줄기가 생성, 줄기마다 다방향으로 자람.
나무의 특징 : 드러누워서 자라기도 하고 칡넝쿨처럼 꼬여서 자라기도 함, 평균 높이 4m
이상.
현재 : 방치

    네 번째 찾은 군락지. 처음에는 멋모르고 찾은 노다지였고 두 번째는 자다가도 그 일대를 샅샅이 찾고 싶은 호기심이었고 세 번째는 높이와 둘레가 얼마쯤인지 대략이라도 재고 싶은 호기였었다. 이번 네 번째는 햇차 잎과 묵은 잎 떨굼을 사진 찍기 위해서였지만 가장 꺼리는 차밭이었다. 일단 찔레나무, 칡넝쿨이 어마어마하고 차나무의 길이가 기본 4m 전후는 되고 하늘을 향해 서서 자라는 차나무는 거의 찾을 수 없고 누워서 자라기 때문에 사람이 다닐 수 있는 길이 없다. 키가 크거나 높이뛰기를 좋아하는 고라니와 노루는 드나들 수 없고 그나마 멧돼지나 담비가 다니는 길이 있어 우리도 네 발로 걸어야 했다. 유독 짧은 내 다리가 나무와 나무 사이를 건너기에는 온몸의 희생이 컸다. 머리에 쓴 모자는 뒤로 넘어가지 않고 턱밑에서 걸리적거리고 바지 안으로 가시와 나무들이 뚫고 들어와서 찔러대고 긁어대니 여간 아픈

것이 아니다.

　이곳이 얼마나 험난했던지 지난 2월 세 번째 탐사 후 갑자기 왼쪽 어깨가 아프기 시작해서 밤에 응급실 가서 주사와 약을 받아 왔지만, 소용이 없었다. 밤새 눕지도 못하고 앉아서 엉엉 울면서 밤을 새우다가 진주 종합병원 가서 엑스레이 찍고 CT 찍어도 이유를 모른다고 해서 뒷날 더 큰 병원에서 MRI를 찍어 보아도 큰 이상은 보이지 않고 무리해서 인대가 놀란 것 같다고만 했다. 도수치료와 물리치료, 마약성 주사, 향정신성 패치를 붙여도 한 달 넘게 고통과 싸워야 했다. 어깨 아픈 고통이 심해 아예 옷을 입고 벗지 못하고 누우면 어깨가 짓눌려져 제대로 눕지를 못했다. 아무리 노다지가 있다고 해도 이곳은 정이 뚝 떨어졌다.

　야생 2호(나무가 많다 보니 특징 대신 일일이 나무 이름을 1호, 2호라고 명명함)를 사진을 찍는데 팔꿈치 안쪽이 매우 따끔하여 소매를 걷어 올리니 새까만 낙엽 같은 것이 붙어 있었다. 손으로 떼어내는데 아무리 떼어도 안 떨어지고 딱 붙어서 요지부동이었다. 이상해서 자세히 보니 손톱만 한 야생진드기였다. 있는 힘껏 몇 대 쳐서 기절시킨 후 살갗이 아플 만큼 힘껏 잡아떼니 그제야 진드기가 떨어졌다. 물린 데가 벌겋게 달아오르고 따끔거렸다. 다행인 것은 강력한 소염 진통 해열제를 두 알 먹고 탐사를 갔었다. 내 몸이 무쇠가 아닌지라 하루에 두세 시간만 자고 하루하루 버티니 온몸에 근육통이 생겨 아파서 죽을 지경이었다. 차 만드는 일과 식당 일과 차신 찾는 일, 집안일, 그날 찍은 사진 정리하는 일, 원고 쓰는 일을 하루에 다 해야 하니 어지간한 사람들의 며칠 할 일을 하루에 해 댔다. 식당 일과 집안일은 그렇다 쳐도 하루에 찍은 수백 장의 사진을 한 나무당 10장 정도로 축소해서 파일을 저장하고 탐사한 장소와 차신의 특징을 이런저런 일기 형태로 적어 놓는 것이 만만하지 않았다. 그날그날 하지 않으면 태산이 되어 버리고 생각이 나지 않으니 꼼짝없이 일의 노예가 되었다. 우리는 책상 앞의 진드기가 되어 버린 셈이다. 읍내 여성 의원 원장님께 전화해서 의논을 드리니 퇴근 시간이 넘었는데도 기다려 주셔서 진드기 해독 주사를 맞고 왔다.

늘 사족이 길어 접시 깨지는 줄 모른다. 불일 차나무들이 구상나무와 동거 한다면 맥전 야생 차나무는 칡넝쿨과 동거를 한다. 칡넝쿨과 아예 한 몸인 차나무도 있고 차나무 몇 가지가 칡넝쿨을 떠받치고 있는 것도 있다. 굵은 칡넝쿨이 없으면 다니지 못할 정도로 경사길인데다가 나무들이 누워서 얽혀 있으니 사진을 찍어도 누워 있는 것이 정상인데 집에 와서 보면 이상하여 누워 있는 사진을 모두 세워 놓기 일쑤였다. 간혹 서 있는 돌 놈(똘놈) 같은 가지가 있는데 그것도 정상인지 비정상인지 헷갈린다. 열 손가락과 손바닥 군데군데 든 가시는 성가시고 모니터로 보는 수백 장의 사진은 그것이 저것 같고 저것이 이것 같으니 미치고 환장할 노릇이다. 아예 자기가 칡넝쿨인 줄 알고 배배 꼬여서 자라는 차나무도 있다. 두께는 내 엄지손가락만 한데 키는 5m가 넘는다. 내 몸을 돌돌 감싸고도 남는다. 하늘에 눈도장조차 찍지 못하여 부실하게 자라는 나무들이다. 그러니 햇빛 한 줌 얻지 못하고 비비 꼬여서라도 생명을 연장하고 있다.

사실 사진은 현실을 뛰어넘지 못한다. 처음에는 좋은 디지털카메라를 가지고 차나무 사진을 찍었다. 하지만 내 몸도 가누기 힘든 험악한 환경에 카메라는 고사하고 휴대전화기도 손에 쥐고 있기 힘들었다. 또한 차나무 전체 사진을 찍는 것은 휴대전화기로도 불가능하여 대부분 내부 전체 컷은 휴대전화기 모니터를 거꾸로 하던지 직접 찍은 사진을 이용하여 대충 수십 장씩 찍어서 그중에 몇 컷을 골랐다. 그것 또한 스트레스다. 일단 좋은 사진을 찍을 줄 모르니 스트레스요 어떤 것이 쓸 만한 것인지 모르니 스트레스다. 새벽 두세 시에 언뜻 잠이 들었다가도 대여섯 시 되면 눈이 번쩍 떠지는 강박관념에 좌불안석이 따로 없다.

이곳 차밭은 지리산 드렁칡이라고 이름하기로 했다. 그렇게 칡처럼이라도 살아남았으니 고맙다. 이런들 어떠하고 저런들 어떠할까? 오래도록 그 자리에 서 있었으니 빛나는 것이고 귀한 것이다. 흔히 차나무의 잎이 사철 푸르다고 사철 내내 잎을 품고 사는 줄 안다. 그러나 찻잎은 새순이 나오고 나면 빨리 핀 순서대로 묵은 잎들을 하나씩 떨쳐 낸다. 햇차가 돋았으니 또 누군가 보석처럼 덖어 수행의 음료로 다듬어져 향기로운 수행자들과 마음을 함께 할 것이다.

갈 때를 알고 올 때를 아는 지혜를 차신에게 배운다.

키다리 차신이 많은 군락지 전체가 덤불에 갇혀 있다. 겨울.

1과 같은 장소의 봄. 덤불 사이로 초록잎들이 왕성하게 나고 있다.

주변에 앉은 새

얼키고 설킨 키다리 차나무 밑을 걷기 힘들어 어렵게 지나가고 있다.

밑동이 건강한 차신

밑동이 특이하다. 고사된 줄기도 많고 살아 있는 줄기는 튼실하다.
뿌리는 어디에 있는지 잘 보이지 않는다.

멧돼지가 다니는 길목에 있는 차신.
들짐승들이 얼마나 다녔는지 한겨울임에도 낙엽이 잘 보이지 않는다.

차신의 전체 모습. 봄.

뒤에서 본 모습인데 앞과 뒤가 비슷해서 같은 장면인 듯 착각하게 한다.

이 군락지의 차신은 평균 키가 4m 전후이다.
대체적으로 밑동과 줄기가 굵다.

줄기가 쭉쭉 뻗어 건강하게 보인다.

한 뿌리에서 굵고 작은 줄기가 무수히 자라고 있다.

모태가 되는 줄기의 뿌리가 드러나 있다.

길게 자라난 차신

차신의 중층 부위가 칡넝쿨처럼 길다.

한 줄기만 잡아서 돌돌 감아 길이를 측정하는 중

줄기 하나의 길이가 3m 98cm쯤 됨

뿌리가 세로로 산재해서 자란 큰 길이의 차신

칡넝쿨과 함께 자라는 차신

칡 줄기를 차신의 줄기가 떠받치고 있는 상태

칡넝쿨과 차신의 줄기를 구분하기 힘들 정도로 얽기설기 얽혀 있다.

환상적으로 보이는 차신의 긴 길이

칡넝쿨이 차신을 감고 자라고 있다.

이 군락은 칡과 뗄래야 뗄 수 없는
상호 의존하고 있다.

바위 속에서 아홉시 방향으로 자라는 차신

중층

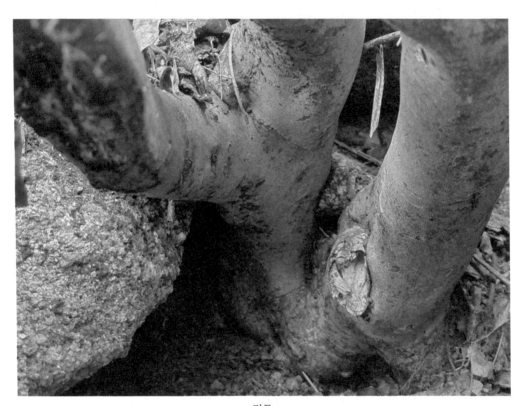

밑동

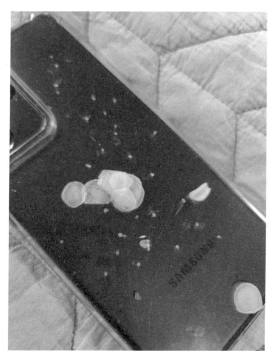

몸에서 떼어낸 진드기 새끼들이 휴대폰 뒷면에서 기어다니고 있다.

진드기 확대

맹그루브숲

잎의 종류 : 중엽종, 황차, 홍차, 청차, 백차

잎의 형태 : 어긋나기, 잎과 잎의 간격이 넓음, 잎이 크고 길쭉함, 잎맥이 뚜렷함.

나무의 수형 : 밑동에 많은 줄기가 생성, 잔가지 없이 모두 미끈하게 쭉쭉 뻗어 자람.

나무의 특징 : 평균 높이 4m 전후, 줄기가 탄력이 좋아 고무줄처럼 잘 휘어짐, 광합성작용을 못 해 오후 3시 방향쯤 누워서 자라는 나무 많음.

현재 : 방치

　살다 보면 자기를 꼭 알고 가야 할 때가 있다. 버거워서 지칠 때는 쉬어 주는 것이 맞고 내 몸에 맞지 않는 옷은 벗는 것이 답일 때가 있다. 때로는 빠른 포기가 더 나은 성공을 가져다줄 수도 있는데 쉽지 않은 문답이다. 차신을 탐사하면서 그들의 자연스러움에 감탄을 쏟아 낼 수밖에 없는 이유는 때를 잘 안다는 것이다. 차나무가 사시사철 푸르다고 하지만 1년 내내 찻잎을 달고 자라는 것은 아니다. 때가 되면 알아서 묵은 잎을 떨어내고 햇잎과 차꽃을 키울 채비를 한다. 부산스럽지 않게 침묵으로 일관하면서도 때를 잘 맞춘다. 주로 5월 초에서 5월 말경 차나무 아래는 차나무의 나뭇잎들이 떨어져 쌓인다. 활엽수처럼 한꺼번에 우수수 떨어내지도 않는다. 사람들이 알세라 모를세라 한 잎 한 잎 소리 없이 떨어낸다. 그 찻잎이 있던 자리에 가을에 필 차꽃 자리를 마련해 주는 것이다. 잎을 떨굴 때를 아는 차나무는 그래도 일

년 내내 푸르다. 꽃이 피면 사람이 잉태하여 출산하는 것과 같이 280일 뒤에는 열매도 익는다.

　차신 탐사를 하는 중 가장 두려웠던 곳 중의 한 곳이 목압길 야생차밭이다. 마치 맹그루브숲처럼 차나무가 빽빽한 데다가 차나무의 높이가 평균 4m 전후가 되는지라 한 발을 내딛기가 힘들었다. 불과 10여 년 전까지만 해도 다농 할머니가 관리하고 찻잎을 땄던 곳인데 지금은 버려지다시피 한 차밭이다. 멧돼지도 다니지 못할 만큼 빈틈없이 여러 줄기가 산만하게 누워서 자라기도 하고 하늘에 구멍이라도 낼 듯이 위로만 자라기도 한다. 그래도 그 모습이 전혀 거북하지 않고 절제된 아름다움 같기도 하다. 굵은 나무도 있고 간혹 썩어 가는 나무도 있고 키만 삐죽한 나무도 있는데 평균적으로 건강하다. 다만 가장 힘든 곳 중의 한 곳이라 총 네 번의 탐사 중 사건·사고가 일어나지 않은 날이 없다. 옷이 찢어진 것은 기본이고 옷 속으로 차나무 가지가 파고들어 상처도 심하게 나고 모자는 차나무 가지가 낚아채서 어디에 있는지도 모르고 다음 탐사에서 찾으려고 애써 봐도 오르는 길이 가파르고 차신들이 너무 빽빽하게 있다 보니 포기하는 것이 최고의 수확이었다. 또 거대한 토종밤나무는 왜 그리 많은지 낙엽에 미끄러져서 발목을 삔 적도 있다.

　지난겨울은 초겨울에 유독 혹독하게 추웠다. 재배 차나무들이 동해를 입었고 다농들이 한숨을 쉬고 연일 지방 뉴스와 중앙 뉴스의 메인을 차지했다. 주민들이 뉴스에서 안타깝게 인터뷰를 할 때 맹그루브숲을 닮은 이 야생차밭을 또 찾았다. 첩첩이 산들이 가로막고 햇살도 제대로 들지 않는 곳이다. 숲은 우거지고 날은 추웠지만, 이곳의 차나무들은 대부분 차 움이 트고 있었고 성질 급한 나무들은 이미 싹을 내

밀고 있었다. 동해를 입은 흔적은 아예 없었다. 2월 중순의 차밭 풍경이라고 믿기지 않을 만큼 차나무들은 봄기운을 충분히 받고 있었다. 왠지 모르게 마음을 투명하게 비춰주는 곳이다. 다른 차신이 존재하는 곳과 다르게 이곳은 바윗돌이 많거나 화개 특유의 마사토 지역이 아니다. 토종밤나무 같은 활엽수가 많아서인지 부엽토로 이루어져 있어 토양은 영양이 넉넉하게 보이는 유일한 화개의 차밭이다. 조금만 신경을 써서 가꾼다면 군락지로서 최고의 차밭 경관과 산책길 코스가 될 수도 있겠다는 어쭙잖은 그림도 그려 본다.

이 야생차밭의 차나무는 몇 그루를 제외하고는 평균적으로 굵지는 않다. 그렇다고 50년, 100년을 말할 나무들은 아니다. 그만큼 나이를 더 많이 먹었을 것이라고 추정된다. 이곳의 차나무는 수십 년 사이에 종자를 파종한 것도 있지만 자생한 차나무들 주변에 자연스럽게 차밭이 형성됐다는 것을 알 수 있다. 화개 차 문화의 자산인 자연군락지를 또 한 군데 발견했다는 위로는 신경통과 피곤도 잠재웠다. 이곳에 가면 '너무 좋다'라는 말이 절로 나온다. 차나무가 자체 발광하는 것 같아 우루루 쭈쭈 해 주고 싶은 느낌이 그렇다. 특히 가을이든 겨울이든 봄이든 키 큰 차나무 사이를 햇살이 비집고 들어와 차밭에 누워 버리면 반하지 않을 사람이 없을 만큼 단아한 품위가 있는 차밭이다. 찻잎을 딸 때 초록향기라는 것이 나는데 청엽알콜이나 청엽알데히드 성분이다. 이 향기는 몸의 피로도를 줄이고 면역에너지를 축적하는 데 큰 도움을 준다는데 다녀 본 차밭 중에 가장 초록향기가 많이 나는 차밭이라고 감히 말해 본다. 찻잎을 따지 않는데도 초록향기가 뿜어져 나오는 차나무 숲이다. 옛말에 복숭아와 오얏은 꽃이 보기 좋고 열매가 맛있어 찾아오는 사람이 많으니 그 밑은 저절로 길이 생긴다고 했다. 덕이 있는 사람에게 사람이 따른다는 말이긴 하나 이런

멋진 야생차밭에도 없던 길이 생기길 기대하면서 초록 향기의 분자가 차를 사랑하는 많은 이들에게 공감되는 그 날까지 탐사를 다닌다면 그런 길이 생길까?

그래서 이곳만은 차밭이라고 하지 않고 '차숲'이라고 명명해 본다.

맹그루브 숲처럼 생긴 군락지 초입

이 군락지는 차 고목들이 대나무처럼 쭉쭉 뻗어 있는 것이 특징이다.

군락지답게 수많은 줄기의 고목들이 밀집되어 햇볕을 받기 위해 옆으로도 자란다.

키가 큰 차신이 신기하여 나무끝을 잡아 보고 있다. 고무줄처럼 빙빙 감긴다.

바위틈에서 하층은 외줄기, 중층은 두 줄기로 휘어서 자라고 있다.

어린 곁줄기가 2년이 다 되어도 그리 자라지 못하고 있다.

밀동에서 외줄기로 약 15cm 정도 자라다가 여러
줄기가 생성되어 안정감 있게 보이는 차신이다.

밀동에서 여러 줄기가 생성되어 있는
특이한 모습

겨울에 찍은 모습

안정감이 있다 보니 차씨가 떨어져 얹혀 있다.

한 그루의 나무가 여러 그루처럼 보인다.
이 군락지 특징이다.

속 모습을 보면 균일하게 부채살처럼
줄기가 생성되었다.

이 군락지의 묘미가 한눈에 보이는 장면인데
4m가 넘는 차신들이 멀리서 찍다 보니 표현이 잘 되지 않는다.

푸른 곰팡이가 덮여 있고 중층까지는 줄기가 균일한 편이다.

이 군락지의 차신들은 고사되는 나무들이 적고
여러 줄기, 키가 매우 크고 상층도 잎이 무성하다.

뒷면에 이끼가 자라고 있다.

새순이 나고 묵은 찻잎이 떨어질 준비를 하고 있다.

늠름한 모습에 저절로 반한다. 여름.

밑동도 꽤 굵다. 겨울.

측면에서 본 모습. 봄.

비 온 뒷날 뿌리가 드러나 고사되고 있는 차신에 새 줄기가 싱그럽게 보인다.

굵기와 높이가 균형을 이루고 자태를 자랑하는 듯한 수형이다.

본 줄기는 고사되어 있고 다른 줄기들이 고목이 되어 있다.

측면에서 보면 길게 두시 방향으로 줄기가 뻗었다.

길이를 재기 위해 가지를 잡고 있는데 잘 휘어지고 노끈처럼 잘 말린다.

높이를 측정해 보면 어떤 차신이든 3.5m는 넘는다.

귀 씻은 바람

> **잎의 종류** : 중엽종, 변이종, 소엽종, 대엽종, 붉은 찻잎 소엽종
> **잎의 형태** : 중엽종; 어긋나기, 길쭉함. 변이종; 어긋나다가 끝 세 잎은 모여 나기, 폭이 좁
> 고 길쭉함. 소엽종; 어긋나기. 잎이 둥글고 톱니와 잎맥이 뚜렷함. 붉은 찻잎
> 소엽종; 입맥과 톱니도 뚜렷하며 두껍다.
> **나무의 수형** : 밑동에서 여러 줄기가 생성, 사방으로 흩어져 정원수형으로 자람.
> **나무의 특징** : 관리가 전혀 되지 않아 수십 그루가 고사하고 있음, 다양한 수종 연구 가능
> **현재** : 방치

　설마가 정말 설마가 될 때가 있다. 설마는 불안전한 미래를 상상할 때도 사용하지만 긍정적인 기대를 바랄 때도 사용되곤 한다. 신흥마을 세이암 부근 일대를 둘러보고 후자의 설마를 경험 했다. 가는 길은 입구부터 차밭이 널찍하게 펼쳐져 있다. 산 쪽 일부는 방치되어 사람 몸이 들어갈 수 없을 만큼 가시덤불로 덮여 있다. 입구는 근래에 조성된 차밭이라 기대가 없었고 그 부근을 찾은 이유는 딴 데 있었다. 지금 서른이 다 된 조카가 중학교 2학년 때 언니가 집에서 내쫓았는데 조카는 호기롭게 외가가 있는 화개로 왔다. 언니는 태연한 척했지만, 마음을 졸였고 조카의 행방을 알려 주고 며칠 데리고 있었다. 시골에서 중학교 2학년 남자아이랑 할 일도 없고 심심해서 숲속을 산책하러 갔다. 15년 전쯤이니 차가 융숭한 대접을 받던 시절이었고 주변에 묘지가 몇 등이 있어 벌초가 잘 돼 산책을 할 만했다. 화개동천을 따라 걷

는데 연리지 한 그루가 발견되었고 자태가 아름다웠던 기억이 났다. 십수 년이 지난 뒤에 그 나무를 찾고 싶어 갔다가 차신 군락지를 발견하게 된 것이다.

　사람이 하고 싶은 그것을 못 하면 더 안달복달한다. 미래를 가불이라도 해서 볼 수 있으면 그런 일도 없겠지만 잠을 자려고 누웠는데 갑자기 15년 전의 연리지 나무가 눈앞에 어른거려 잠을 못 자고 뒤척였다. TV 자정 뉴스에서 오늘 날씨는 영하 10도가 넘고 어쩌고 남부 지방은 구름이 많고 중부 이후로는 눈이 오고 어쩌고 하는데 일기예보를 듣다 잠이 들었다. 서너 시간 자고 날 밝기를 기다렸지만 해는 어디 가서 쪽잠이라도 자는지 날 밝을 기별이 없었다. 1월의 아침은 7시가 되어도 어둑해서 7시 30분쯤 군밤 장수 모자와 제일 두꺼운 점퍼를 입고 연리지를 찾으러 갔다. 큰 바위를 넘고 망개나무 가시가 옷 속으로 파고들어 가시를 빼내느라 걸음도 더뎠다. 넘어지고 깨지고 나이론 누빔바지가 쭉 찢어졌는데도 연리지는 보이지 않았다. 포기하고 돌아오는데 길이 또 없어졌다. 산 위로 길을 잡아 역으로 올라가는데 잡목들 사이에서 듬성듬성 차나무 몇 그루가 나를 보고 웃고 있는 듯 보였다.

　설마 이 척박한 바위 숲에 차나무가 자란다고? 흙도 한 줌 없는 돌밭에 하늘을 찌를 것 같은 키 큰 삼나무 숲에 차나무가 있다고? 거기다 수백 년은 됨 직한 토종밤나무까지 있어 겨울인데도 하늘이 제대로 보이지 않을 지경인데 차나무가 있다고? 어렵게 숲을 헤치고 들어서니 야생의 차나무들이 즐비했다. 여태 보지 못한 변이종 차나무 변이종 그루의 발견은 놀라움의 극치였다. 어긋나기인데 돌려나기처럼 보여 잎과 잎 사이 간격이 짧은 찻잎도 있고 비파나무 잎을 닮은 찻잎도 있었다. 진짜 놀라웠던 것은 붉은색 잎을 가진 차나무가 있었다. 동해를 입은 것도 아닌데 생생하게 살아 숨 쉬는 붉은 잎 차나무. 나무에 대한 지식이 없어서 호기심만 남겨 두었다. 흥분과 흥분이 뒤범벅되어 우리들 정신은 가출하기 직전이었다.

그날 오후 식당의 브레이크타임에 다시 갔다. 아침에 봐 두었던 차나무부터 찾기 시작하는데 미로가 아닌데도 시야에 아무것도 들어오지 않았다. 바위 위아래로 오르락거리는 것이 힘에 부쳤다. 바위 아래서 올라오는 냉기로 발조차 시렸다. 다시 산 위로 덤불을 걷어가면서 치고 올랐더니 아침에 다녔던 돌밭이 나타났다. 이곳의 돌밭은 미적인 느낌이 있어 마치 조형물들을 모아 놓은 듯이 보인다. 이끼 또한 꽃그림을 보는 것 같다. 그리고 차신들이 보이기 시작했다. 신나게 뒤지니 보이고 또 보인다. 고사한 가지들을 그대로 품에 안은 채 살아 있는 가지는 움을 피우고 있었다. 한참 바람 소리와 토종밤나무의 사각거림과 콧노래까지 흥얼거리며 탐사를 마칠 무렵 몸을 숙이기가 여의치 않아 차나무 가지를 잡았는데 손아귀에 마른 차꽃과 차씨가 찻잎보다 더 많이 잡혔다. 놀라서 쳐다보니 밑동이 내 팔목보다 굵은 고목 차나무였다. 소엽종인데 이 나무 또한 잎이 특이했다. 차꽃과 차씨가 말 그대로 조락조락 달리고, 1월인데도 싱싱하게 맺혀 있었다. 새로운 품종을 만난 환희에 입술을 가져다 대었다. 그 만족감을 어찌 말로 표현할 수 있을까? 차신이 존재하는 넓이는 전체적으로 50평이나 될까? 계속 탐사를 하는데 같은 자리를 서너 번씩 돌다가 계속 원점이라 뒤돌아서니 차나무를 덮은 덤불 사이로 멧돼지 길이 보였다. 빠져나갈 통로를 발견한 셈이다.

음력 2월이 되니 봄기운이 제법 감돌고 버들강아지도 봄물 내려가는 소리에 탱고를 쳤다. 몸이 근질거려 탐사를 나섰다. 한 번 로또 맞은 사람이 자꾸 로또를 산다더니 우리가 딱 그랬다. 시간만 나면 탐사를 나섰다. 식물은 주인의 발걸음 소리를 듣고 자란다고 한다. 고사하고 있는 차신들에게 발걸음 소리를 들려주어야 할 때이다. 그들의 회생을 고대하면서….

우리들 마음을 비우는 연습도 해야겠다. 차신은 로또가 아니니까.

소엽종 차신의 전체모습

소엽종 내부를 보면 고사되고 있다.

하층도 굵은 줄기는 이미 고사되고 없다.

소엽종 찻잎을 손톱과 비교해 보기   소엽종에 조락조락 꽃과 열매가 매달려 있다.

육안으로는 고사된 가지에 새순이 돋았다.

소엽종의 차씨가 굵어 보인다.

차신의 전체모습. 한 뿌리에서 줄기가 매우 다양한 형태로 자람.

줄기가 하층은 곧게 뻗고 상층은 자유자재로 꼬임   굵은 줄기 몇 개는 고사되어 밑동만 썩어 있다.

내부모습

가지에 비해 밑둥이 굵고 튼튼하다.

고사된 가지에 버섯이 피었다.

비파잎과 흡사한 변이종 찻잎. 2월.

진녹색이며 두툼하다. 1월.

중엽종과 비교한 변이종

변이종의 새순

변이종의 전체 모습

이 군락지에서 비교적 평평한 곳에서 생존하고 있는 차신 역시 줄기 하나는 고사되었다.

차신의 전체 모습

뒤에서 본 모습

위에서 아래로 본 줄기

고사된 듯 보이나 가지 끝에는 찻잎이 달려 있는 줄기가 매력적인 차신

차신의 상층 부분에 오래된 차씨가 달려 있다.

차신의 뒷편에 서리이끼가 낀 사슴 모양의 가지가 있다.

이끼가 상당히 길고 차신에 비해 건강해 보인다.

아래에서 위로 본 차신의 고사된 줄기

정면에서 본 모습이며 하층, 중층은 고사된 듯하나 상층에는 찻잎이 피어 있다.

차신의 가지 끝에서 힘겹게 매달려 있는 찻잎

위에서 본 모습인데 찻잎은 너무 건강하다.

오래된 고목답게 묵은 차씨가 대롱대롱 달렸다.

중층에 고사되어 부러진 줄기 위에
차씨껍질이 내려 앉아 쉬고 있다.

뒷편 가지에 이끼가
꽃처럼 피었다.

처음 본 품종이다. 붉은색 찻잎을 가진
소엽종 어린 차나무. 1월 모습.

차신을 찾아
바위를 넘고 있다.

큰 차신 뿌리 부근에서 눈 녹은 물을 먹고 새 줄기가 나고 있다. 2월.

밑동이 굵은 한 차신의 전체 모습　　　　　　　밑동에 곁줄기가 생성되었다.

중층, 상층의 줄기 모습

고목에서 나와도 어린 줄기는 당당하다.

3m가 넘는 고사되고 있는 차신   저절로 주저앉은 차신의 줄기

멀리 떨어져 있는 차신의 줄기를
안타까운 마음에 밑동으로 모아주고 있다.

고생 뒤의 한 컷

돌맹이를 끼고 자라고 있다.

바위틈에서 나온 차신

고목이 되기까지 줄기가 나고 죽고 반복한다는 것을 보여 주는 전형적인 차신이다.

밑동과 하층을 봐도 고목은 영원하지 않고
줄기가 고사되면 새 줄기가 생성되는 것이 진리

고사된 듯해도 어렵게 찻잎이 움을 틔운다.

늙음도 아름다워라

잎의 종류 : 중엽종, 덖음차, 황차

잎의 형태 : 어긋나기

나무의 수형 : 천태만상

나무의 특징 : 지형이 험악하고 큰 바위와 급경사가 많아 차나무가 자라기에는 최악의 환경. 그러나 오래전부터 차밭이 형성되어 다양한 수종이 많음. 대부분 잎은 중엽종이나 차나무는 특이종이 많음.

현재 : 방목

범왕리 차밭은 전설과 시적 풍경을 모아 놓은 곳이다. 주변 산은 산대로 아름답고 계곡은 계곡대로 무릉도원이다. 지금은 사라진 신흥사의 전설도 많다. 왕성 초등학교를 배경으로 최치원 선생이 지팡이를 꽂았다는 푸조나무와 세상의 더러운 말을 듣기 싫어 귀를 씻었다는 세이암도 차밭에 들어서기 전부터 감탄을 불러온다. 이곳 군락지는 두 개의 계곡 사이에 있다. 어디로 가든 계곡을 건너야만 갈 수 있다. 비록 콘크리트 다리를 건너지만 풍광은 어디로 도망가지 않았다. 바위 밭이라 차가 잘 자랄 수 있는 여건은 아니나 차 맛은 일품인 지형이다. 높은 산이 앞뒤로 있는데 햇빛 샤워를 종일 할 수 있고 바람도 잘 통한다. 거기에 화개동천 물보라로 만들어진 습기가 적절히 보태져 차나무가 잘 성장할 수 있는 환경이다.

놀랠 만큼 수령이 오래된 고목 차나무를 찾기 힘들었던 것이 의외의 반전이었다. 그러나 이곳 차밭의 형성은 정말 오래전부터라고 알고 있다. 차밭은 직접 둘러보고 여건을 고려하면 충분히 이해가 간다. 신흥사라는 큰 절이 존재했었고 조선 시대 때 차를 터부시했던 이유가 작용하여 불을 질러 차나무를 없앴을 가능성이 가장 크다. 차밭이 얼마나 늙었는지 드러난 뿌리를 보면 금방 알 수 있다. 뿌리는 고목이되 줄기는 뿌리보다 수령이 약해 보이나 그래도 수백 년은 되어 보인다. 온갖 짐승들의 놀이터에서 살아남았다는 자체만으로도 신기하다. 관리하기가 쉽지 않고 넝쿨식물에 몸을 저당 잡혀 뿌리라도 존재해 주는 것이 어디인가 싶다. 이곳 차나무들은 세월 가는 것이 더디게 느껴졌을 것 같다. 차나무를 살리기 위해 잡풀을 제거하고 전지하는 눈물겨운 작업은 일 년 내내 지속되고 있다는 것을 알고 있다. 인력과 비용이 어지간한 회사원의 1년 연봉이 된다. 관망만 하기에는 안타깝다.

차나무에는 햇빛만이 최고의 보약이다. 특히 차나무는 광합성작용을 많이 하는 식물이다. 녹색식물은 빛이 에너지이자 영양소다. 빛을 이용하여 필요로 하는 유기 양분과 힘의 에너지를 만들어 내는 광합성작용은 필수요건이다. 초록색을 띤 엽록소가 빛 에너지를 모으고 이산화탄소와 물을 원료로 하여 탄수화물을 만들어 낸다. 초록의 차나무 잎은 광합성작용으로 녹말을 만들고 비를 맞아 에너지를 축적하여 뿌리로 영양분을 보내 준다. 차나무는 반음반양에서 잘 자란다고 하지만 하루 4시간 이상은 햇빛을 충분히 받고 일주일에 한 번 정도 충분한 수분 공급이 되어야 줄기가 튼튼하고 묵직한 잎이 달리고 겨울에 동해를 많이 입지 않는 조건을 갖추게 된다. 오랜 시간 동안 차나무와 함께 지내며 자세히 관찰하다 보면 터득하게 되는 진리 같은 것이다. 이런 악조건에도 둘레 20cm가 넘는 차나무들은 헤아릴 수 없이 많다. 햇빛으로 충분히 보상해 준다면 몇십 년 후에는 거대한 차신이 되어 있지 않을까? 여러모로 비춰 보면 차나무가 자라는 최악의 환경은 키스바위 주변 야생차밭이고 차악은 신흥리 차밭일 것이라는 소감이다. 그런데도 건재해 주니 고맙다.

이곳에서 놀랍게도 한 번도 본 적 없는 줄기의 색상이 발견됐다. 차나무 줄기는 대부분 밝은 회색인데 표현하기 애매한 옥색과 하얀색에 가까운 회색 나무 두 가지가 있었다. 옥색은 원래 본줄기는 짙은 회색인데 곁가지가 나오면서 옥색으로 변했다. 죽은 차나무에서 새 줄기가 형성되면서 옥색의 물이 오른 것이다. 신비로운 색감이다. 느낌이 사랑스러워 몇 번 만져 봤다. 또 하얀색에 가까운 줄기는 아주 단단하게 생겼는데 잎을 보지 않는다면 자작나무나 은사시나무 표피로 착각할 만큼 질감이 생생하게 드러났다. 차나무는 대부분 가지가 부러지면 그곳이 자연스럽게 부스러지면서 썩는데 이 나무는 상처가 단단한 배꼽이 되어 있는 점도 특이하다. 그 배꼽도 귀엽고 특이해서 사진을 많이 찍었다. 보통 넓은 차밭에는 소엽종, 중엽종, 대엽종이 혼재되어 있던지 변이종도 가끔 보이는데 이곳은 변이종도 보이지 않고 전형적인 재래 중엽종이다.

나들이 삼아 떠난 차밭 산책길에 접어들면 저절로 선정에 들어 수행하고 있을지도 모른다. 어느 고승의 말처럼 우리도 시를 고민하고 뼈를 바꾸지 않고 바람으로 변해 승천하는 상상을 해 봄 직하다.

관리되고 있는 야생차밭 풍경

멧돼지가 차나무와 작은 바윗돌을 다 뒤집어 놓았다. 군데군데 이런 모습이 흔하다.

고사된 차신의 밑동에서 옥색의 새 줄기가 생성되어 자라고 있다.

뿌리가 고사되어 위태위태하게 지탱하고 있다.

특이하게 줄기가 변이종인 차신.
칡넝쿨이 허리띠처럼 감싸고 있다.

여러 개의 옹이가 특이하게 생겼다.
일반 차나무보다 단단하다.

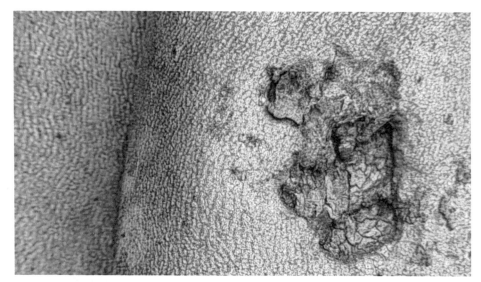

자세히 보면 섬유질과 표피의 색이 은사시나무와 흡사하다.

줄기의 절반이 썩어 있어도 죽지 않고 생명력을 유지하고 있다.

부피가 큰 차신의 내부를 살펴보고 있다.

큰 차신의 내부

잔줄기를 전지하고 굵은 줄기를 남겨 둔 차신 전체 모습

밑동에서부터 중층까지 굵은 차신

바위틈에서 곧게 자란 차신

산사태로 뿌리가 드러난 차신은 바위에 바짝 붙어서 뿌리를 내렸다.

수령이 꽤 된 차신인데 상층은 전지를 했다.

다시 새 잎을 틔우기 위해 움이 보인다.

줄기의 실루엣이 아름답다.

상층은 전지가 반복되어 빈약하지만
하층은 굵기가 상당하다.

반은 고사되고 반은 살아 있는 형태

5

기타
(其他)

The others

5

따로 똑같이

잎의 종류 : 각각 다름
잎의 형태 : 각각 다름
나무의 수형 : 각각 다름
나무의 특징 : 각각 다름
현재 : 방목, 방치, 자생

그동안 탐사된 크고 작은 차나무들이 수백 그루지만 다 다룰 수가 없어 특징 있는 것들만 모아서 책을 내게 되었다. 호기심으로 시작하여 중독 증상이 생길 때까지 2년 가까이 시간을 산과 들에서 사계절을 보냈다. 그중에서도 미래의 차신이 될 나무 몇 그루를 다시 모아 봤다. 모두 귀한 존재라 한 장의 사진 선택은 또 마음의 갈등을 만들었다. 사진에 차나무에 흔한 차꽃과 차씨가 많은 이유는 찻잎과 차씨, 차꽃의 가공품으로 내가 밥벌이를 하고 있다 보니 집착을 하게 됐다. 사람들에게 가장 많이 받는 질문이 회사 이름이다. "다오 뜻이 뭐예요?" 혹은 "왜 다오라고 지었어요?" 역으로 의외의 질문 이유가 더 궁금하다. 왜 회사 이름이 궁금하지?

문수동자를 꿈에서 본 적이 있다. 2006년 6월 즈음인데 한참 차꽃와인, 차씨기름,

차신

차꽃진액 등 차 식품을 개발하고 있을 때다. 차 가공과 차 식품을 분리하기 위해 식품 공장 터를 찾아다니며 수 개월간 작명을 고민할 때였다. 아침 6시경에 선잠이 들었는데 뒤에서 누가 허리를 세 번 톡톡 쳤다. 키가 내 허리쯤 되는 소년이 장난스럽게 웃고 있었다.

"누구니?"
"나는 문수동자야."
"그래?"
"회사 이름 짓는 중이지? '다오'라고 해. 차 다(茶), 까마귀 오(烏)자를 써. 꼭 까마귀 오(烏)자를 써야 해. 알았지?"
"왜 까마귀 오(烏)자를 쓰라는 거니?"
"바보야 중국 우롱차(중국발은 오를 우로 발음함)의 오자도 까마귀 오자야, 그러니 꼭 까마귀 오자를 써야 해. 알았지?"

분명 꿈인데 너무나 선명하여 다오라는 이름을 15년이 넘도록 사용하고 있고 그 덕인지 차 식품을 가공, 판매하여 밥은 먹고 산다. 문수동자께 늘 감사하고 칠불사에 가면 꼭 문수전에 참배한다.

여담이 길었지만, 차신들은 수령이 적든 많든 인적이 드물고 옹색한 곳만 골라서 살고 있다. 현재는 주로 '야생차 나무'라고 부르지만, 그 야생에서 자란 차를 토착민들은 '돌잭살'이라고 불렀다. 어김없이 돌담이나 바위 틈바구니에서 꿋꿋이 자리를 잡고 서 있는 차신들이 전형적인 돌잭살이다. 화개에는 '돌잭살'이 지금도 많다. 어떤 이는 돌잭살이라고 하면 돌 위에서 말린 작설차라 하고 어떤 이는 바위 위에 터를 잡은 '작설나무'라고 한다. 어린 시절 악양의 할아버지 댁에 다니러 가서 놀다 보면 할머니에게 자주 이르시기를, 뒷방에 있는 홍메이 가져오라 하시면 잭살을 내어 오셨는데 그때는 몰랐는데 지금에 와서 생각해 보면 홍메이는 홍명(紅茗)을 부르는 말로 아마도 한약방을 하셨던 할아버지가 쓰는 잭살의 다른 말이 아닌가 한다. 화개는 천 년 넘게 차 농사를 짓고 화개 천지에 차나무가 없는 곳이 없었으니 차씨가 바람을 타고 혹은 홍수에 떠밀려 바위 위나 틈새, 계곡 사이에 터를 잡아 돌잭살로 자라서 오늘의 화개를 차의 성지로 만들었다고 생각한다. 계곡 주변이나 야산에 있는 배나무를 돌배나무라고 부르고 복숭아나무를 돌 복숭아나무라고 부르듯 손수 파종하지 않고 절로 자란 차나무를 돌잭살이라고 불렀다. 알다시피 화개 사람들은 '작설'이라는 발음이 잘 안 된다. 그래서 작설-잭설-잭살이 되었다. '강'도 '갱'이 되고 '학교'도 '핵조'가 되는 화개 현지인들의 현실적 발음이다.

야생이든 돌이든 차를 마시는 문화, 차를 만드는 문화 모두 중요하지만, 근본은 토종 차나무의 계승과 보호도 중요하다고 본다. 지금 하동에서 생산되는 모든 차를 야생차라고 부른다. 그러나 엄연히 야생차는 따로 존재하고 돌잭살이라는 이름으로 불릴 차나무들이 많이 존재한다. 다농들이 방치하는 차신, 방목하는 차신, 자생하는 차신의 경계가 명확하지는 않지만, 야생차와 재배차의 구분도 해야 할 숙제를 남겨 놓는다.

논두렁에 살아남은 예비 차신

하늘을 배경 삼아

화랑수 마을 5월   화랑수 마을 2월

바위 틈새에 자라는 차신

바위 속

바위 틈새에서 나와 있는 차신

다오영농조합법인 공장 위쪽에는 녹차공원이 있다.
도심마을, 신촌마을, 정금마을이 한눈에 보인다.

녹차공원의 겨울 모습

폭설을 뚫고 나온 찻잎

신촌마을 뒤 어린 차신의 겨울

신촌마을 뒤 어린 차신의 봄

화랑수 냇가 부근 차신

화랑수 앞 냇가에 봄비가 내려   화랑수 바위 속
영롱한 물살이 튄다.

공사현장에서 발견한 차신들

3월. 건너편에 차신 찾아 가는 길이 없어 냇물을 건넘. 발이 시렵다.

차신

ⓒ 조영덕·정소암, 2021

초판 1쇄 발행 2021년 12월 16일

지은이   조영덕·정소암
펴낸이   이기봉
편집   좋은땅 편집팀
펴낸곳   도서출판 좋은땅
주소   서울특별시 마포구 양화로12길 26 지월드빌딩 (서교동 395-7)
전화   02)374-8616~7
팩스   02)374-8614
이메일   gworldbook@naver.com
홈페이지   www.g-world.co.kr

ISBN   979-11-388-0470-7 (03570)